華志文化

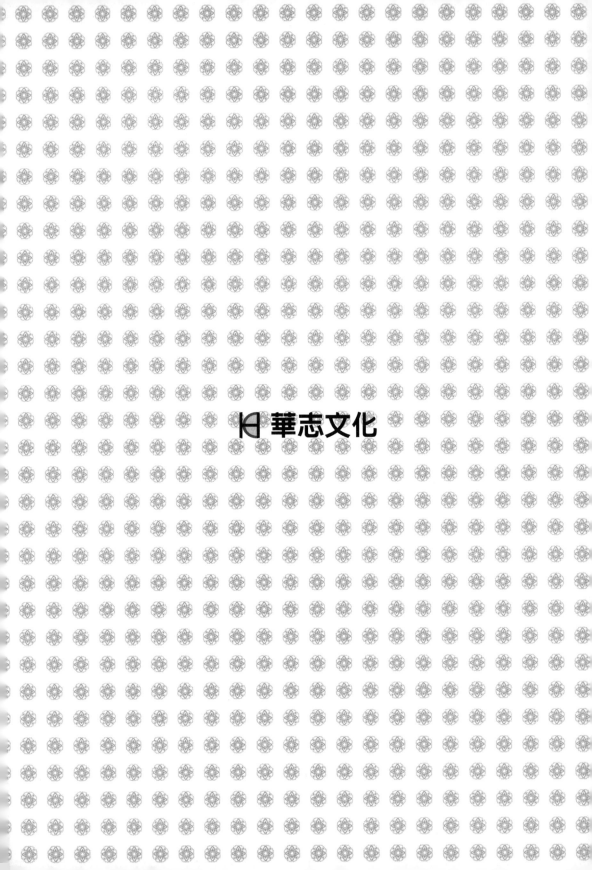

華志文化

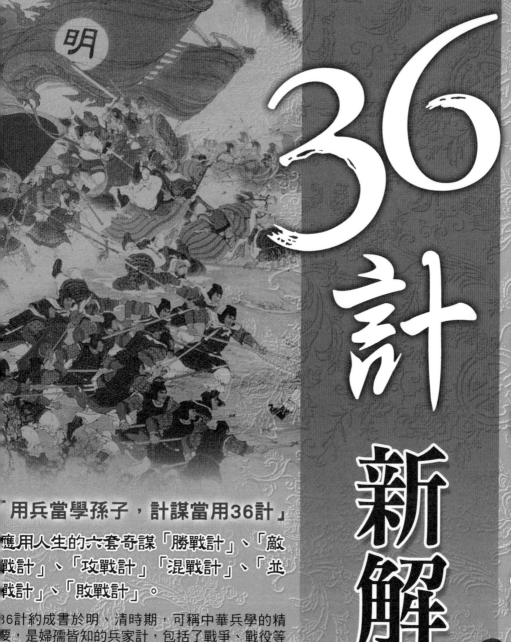

人生哲理和商界兵法的至尊奇謀

36計

新解

明

「用兵當學孫子，計謀當用36計」

應用人生的六套奇謀「勝戰計」、「敵戰計」、「攻戰計」「混戰計」、「並戰計」、「敗戰計」。

36計約成書於明、清時期，可稱中華兵學的精要，是婦孺皆知的兵家計，包括了戰爭、戰役等方面，可以說是實戰經驗的總結。 36個計謀是數的組合，同時又是術（即機謀）的組合，故曰「數中有術，術中有數」；合稱為「數術」，是中華文化中最為神秘深奧的內容，而兵家計謀也合是最深不可測的。

陳相靈 王曉楓

◎編著

前言

人生哲理和商界兵法的至尊奇謀

在我國浩如煙海的文化遺產中，軍事著作佔據著極其突出的地位。據有關史家總結，我國現存至今的古代軍事著作在數千種以上，可稱洋洋大觀了。

然而極其知名者，當為二種：其一為《孫子兵法》，成書於春秋時期，是世界軍事著作的鼻祖；其二則為《三十六計》，約成書於明清時期，可稱中華兵學的精要概括，是婦孺皆知的兵家計謀。可以說，這兩部武學名著，前者體大思精，為兵界必備；後者要言不煩，主要在民間流傳。二者合稱我國兵學著作的雙璧，有道是「用兵如孫子，策謀三十六」，清楚地說明了三十六計的重要地位。

「三十六計」一詞，最早始於《南齊書・王敬則傳》：「三十六策，走為上計。」事實上，凡是流傳於民間的歌謠、諺語等形式，在民間都有很長時間的形成期。觀察三十六計的計名，有的來自成語，有的來自典故，有的來自俗語，有的來自詩句，可謂駁雜，正好符合民間文化雜傳而成型的規律。以此推測，三十六計很可能是在漢末以來的數百年亂世中，從軍事戰爭中逐漸歸納形成的。

三十六計的成書，據今人推測，當在明清之際，但並無實據。其可靠的發現時間，則始自 1943 年。據發現者叔和先生稱，是在成都的一個舊書攤上無意中收購到的，原是據一個手抄本影印的土紙冊子，被稱為「祕本兵法」。

　　然而「三十六計」之名在一千五百年前即已出現，而其抄本在一千五百年後才出現在人間，這實在是一件令人費解的事情。依事理的推測，這個《三十六計》抄本的出現，理應是民間文人將傳說的三十六計，根據自己的判斷予以解釋，從而形成我們今天能看到的這個樣本。如果是有一定知名度的文武官員予以整理的話，一般圖書目錄是應予著錄的，而且應有各種刊刻的版本傳世。

　　事實是，在上世紀四〇年代，這套三十六計仍然只是一個抄本，而非刻本。由此推斷，「三十六計」之名雖然早已廣為人知，但把三十六計形成文本，則比較晚；而且一旦成為定本，極有可能被少數人視為密不示人的兵家至寶，故而少有流傳。

　　民間文人對《三十六計》的編排整理，主要做了三件工作：

一、是將三十六計的計名做了規範。
二、是將三十六計做了分類。
三、是給三十六計分別做了釋詞。

　　這三件工作，也許是一個或幾個文人一時做的，也許是幾代人在很長的時間內逐漸完成的，這需要更詳細的考證。比較肯定的是，三十六計的釋詞，應為一時之作，這可從釋詞大多以《周易》卦辭比喻或推譯做出明確的判斷。

　　《三十六計》的內容看似簡單，然其內容卻非常豐富。兵學經典《孫子兵法》，也只專論十三個問題，而《三十六計》所講的卻是三十六個專題。大體而言：

第一套「勝戰計」是強勢一方取勝的謀略大計。
第二套「敵戰計」是敵我力量相當時取勝謀略。
第三套「攻戰計」是兩軍對壘時互相攻戰謀略。
第四套「混戰計」是局勢不明朗時取勝的謀略。
第五套「並戰計」是為了取勝結盟拉友的謀略。
第六套「敗戰計」是敵強我弱時以柔克剛謀略。

　　這六套計謀組合為一大套計謀，包括了戰爭、戰役、戰鬥的各個層面，可以說，完全是戰爭中實戰經驗的總結。而總結這些經驗的文人們，絕不僅僅是一般的文弱書生，必當是如《水滸傳》中的智多星吳用、李自成帳下的牛金星之類頗有實戰經驗的文人。

　　然而，如果仔細分析三十六計的內容，有些計謀也有其牽強附會處，或互相近似處，比如「趁火打劫」在某種程度上與「混水摸魚」近似，「聲東擊西」與「暗渡陳倉」近似；至於六套計謀的劃分也有不盡準確處。這些都可看出三十六計成於民間又用於民間的特點。又如民間廣為流傳的「關門打狗」、「落井下石」等可入兵法的計謀，則並未收入其中，可見出整理者以六六三十六這個熟用的數字組合計謀，無意中限制了某些常用計謀的收錄。

　　但是，這些微瑕絲毫無損於三十六計作為兵家祕笈、乃至作為人生哲理和商界兵法的至尊地位。如今，各地仍在熱烈研究、講解三十六計，使之在現代社會中更加深入人心。因此，近二十餘年，各種版本的《三十六計》層出不窮。

　　由於三十六計本是戰爭的計謀，許多手段是對敵的，對敵

本無可厚非，如用於職場，用於生活之中，那就要存有仁厚之心，方不至於誤用奇計。

有鑒於此，本書對《三十六計》的整理只做了注釋、譯文與評析，所舉例證，也全部是從戰爭的本義選擇的，有個別例證選自《三國演義》、《水滸傳》等小說，但也是關於戰爭的。至於如何在現實生活中運用，則應存乎一心，以我及人了。

本書釋讀《三十六計》，只是就計釋計，未對古代其他兵書做廣泛的比證，但願讀者諸君在熟讀三十六計的同時，能與其他兵書相比較論證，從而加深印象，提高智謀，則幸甚焉。

三十六計原文

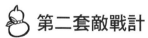 第一套勝戰計

一、瞞天過海

　　備周則意怠，常見則不疑，陰在陽之內，不在陽之外。太陽，太陰。

二、圍魏救趙

　　共敵不如分敵，敵陽不如敵陰。

三、借刀殺人

　　敵已明，友未定。引友殺敵，不自出力。以損推演。

四、以逸待勞

　　困敵之勢，不以戰；損剛益柔。

五、趁火打劫

　　敵害之大，就勢取利。剛決柔也。

六、聲東擊西

　　敵志亂萃，不虞，坤下兌上之象。利其不自主而取之。

第二套敵戰計

七、無中生有

誑也，非誑也，實其所誑也。少陰，太陰，太陽。

八、暗渡陳倉

示之以動，利其靜而有主，益動而巽。

九、隔岸觀火

陽乖序亂，陰以待逆。暴戾恣睢，其勢自斃。順從動豫，豫以順動。

十、笑裡藏刀

信而安之，陰以圖之，備而後動，勿使有變，剛中柔外也。

十一、李代桃僵

勢必有損，損陰以益陽。

十二、順手牽羊

微隙在所必乘，微利在所勿得。少陰，少陽。

第三套攻戰計

十三、打草驚蛇

疑以叩實，察而後勤。覆者，陰之媒也。

十四、借屍還魂

有用者，不可借。不能用者，求借。借不能用者而用之，匪我求蒙童，蒙童求我。

十五、調虎離山

待天以困之，用人以誘之，往蹇來返。

十六、欲擒故縱

逼則反兵；走則減勢。緊隨勿迫，累其氣力，消其斗志，散而後擒，兵不血刃。需，有孚，光。

十七、拋磚引玉

類以誘之，擊蒙也。

十八、擒賊擒王

摧其堅，奪其魁。以解其體。龍戰在野，其道窮也。

 第四套混戰計

十九、釜底抽薪

不敵其力，而消其勢，兌下乾上之象。

二十、混水摸魚

混水摸魚乘其陰亂，利其弱而無主。隨，以向晦入宴息。

二十一、金蟬脫殼

存其形，定其勢，友不疑，亂不動，巽而止，蠱。

二十二、關門捉賊

小敵困之，剝，不利有攸往。

二十三、遠交近攻

形禁勢格，利從近取，害以遠隔，上火下澤。

二十四、假道伐虢

兩大之間，敵脅以從，我假以勢。困，有言不信。

🎍 第五套並戰計

二十五、偷樑換柱

頻更其陣，抽其勁旅，待其自敗，而後乘之。曳其輪也。

二十六、指桑罵槐

大凌小者，警以誘之。剛中而應，行險而順。

二十七、假癡不癲

寧偽作不知不為，不偽作假知妄為；靜不露機，雲雷屯也。

二十八、上屋抽梯

假之以便，唆之使前，斷其援應，陷之死地。遇毒，位不當也。

二十九、樹上開花

借局布勢，力小勢大。鴻漸於陸，其羽可用為儀也。

三十、反客為主

乘隙插足，扼其主機，漸之進也。

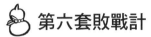 第六套敗戰計

三十一、美人計

兵強者，攻其將；將智者，伐其情．將弱兵頹，其勢自萎．利用御寇，順相保也。

三十二、空城計

兵虛者虛之，疑中生疑；剛柔之際，奇而復奇。

三十三、反間計

疑中之疑，比之自內，不自失也。

三十四、苦肉計

人不自害，受害必真。假真真假，間以得行．童蒙之吉，順以巽也。

三十五、連環計

將多兵眾，不可以敵，使其自累，以殺其勢．在師中吉，承天寵也。

三十六、走為上

全師避敵。左次無咎，未失常也。

目錄

三十六計新解

總　　　論

「總說」是對「三十六計」總體特徵和原則的概括，是中華文化中最為神祕深奧的內容。

三十六計總論

【原文】

六六三十六[1]，數中有術[2]，術中有數。陰陽燮理[3]，機在其中[4]。機不可設，設則不中[5]。

【注釋】

①六六三十六：《周易》八卦中「坤」的符號「☷」，代表陰數「六」，在此借指密謀之計。六六三十六，則是借太陰六六之數，表示計謀多端。

②數中有術：表示透過對客觀的數的分析，從而產生方略計謀。《十一家注孫子‧形篇》：「量生數。曹操曰：『知遠近廣狹，知其人數也。』杜牧曰：『數者，機數也。言強弱已定，然後能用機變數也。』王晳曰：『數，所以計多少。言既知敵之大小，則更計其優劣多少之數。』何氏曰：『數，機變也。先酌量彼我強弱利害，然後為機數。』」

③陰陽燮（ㄒㄧㄝˋ）理：指調和正反兩方面的矛盾。《書經‧周官》：「立太師、太傅、太保，惟茲三公，論道經邦，燮理陰陽。」在此進一步指分析敵我雙方等形勢，尋求反勝機會。

④機：機巧。這裡指未分析敵我形勢而主觀上預設取勝的機謀。

⑤中：擊中。在此指取勝。

【譯文】

太陰六六之數的乘積是三十六，代表著客觀複雜多變。事實上，在不斷變化的敵我雙方的形勢中，就隱藏著機謀，而機謀的運用可能造成新的敵我雙方力量對比的客觀態勢。善於用兵的將帥，總是能仔細分析敵我雙方不斷變化的情況和形勢，從而抓住取勝之機。取勝之機不可透過主觀臆測去設計，如果憑主觀去設計，則必然不能取勝。

【評析】

「總說」是對「三十六計」總體特徵和原則的概括。就其特徵而言，三十六個計謀本身是數的組合，同時又是術（即機謀）的組合，故曰「數中有術，術中有數」；數與術合稱為「數術」，是中華文化中最為神祕深奧的內容，而兵家計謀也恰是最深不可測的，故以「數術」言之，是再恰當不過的。

數術的核心或基礎，是古老的陰陽之學；陰陽之學，講求協調，協調則勝，相悖則敗，萬事萬物，皆是此理，用在軍事戰爭中也是如此。而陰陽之協調，一切要遵從客觀規律，否則，僅憑主觀意志，也必然失敗，故曰：「機不可設，設則不中。」這兩句應是軍事謀略萬世不移的原則，可稱得兵家之訣竅。

三十六計[新][解]

勝戰計

第 *1* 套

「勝戰計」是處於優勢時取勝的謀略，主要講在掌握主動權、戰場形勢有利時，如何發揮優勢，巧妙借用各種有利因素，創造戰機，奪取全面勝利。

第一計　瞞天過海①

　　此計的成功關鍵在於：公開曝露的事物發展到極致，就形成了最隱密的潛藏狀態。其兵法運用，是著眼於人們在觀察處理世事中，由於對某些事情的習見不疑而自覺或不自覺地產生的疏漏和鬆懈，故能乘虛而示假隱真，使用偽裝的手段，利用機會，掩蓋己方意圖，把握時機，出其不意的行動，讓人措手不及，出奇制勝。

【原文】

　　備周則意怠，常見則不疑。陰在陽之內，不在陽之對。太陽，太陰②。

【注釋】

　　①瞞天過海：據《永樂大典‧薛仁貴征遼事略》載，唐太宗貞觀十七年，唐太宗領三十萬大軍御駕親征高麗。一天，浩蕩大軍來到大海邊上，太宗見眼前一片大海茫茫，不禁犯難，向眾總管詢問渡海的辦法。前部總管張士貴見狀，趕忙與眾將商量對策，只有部將薛仁貴於情急中想出一個奇策，說道：「皇上擔心大海阻隔，難於征伐高麗，我今有一計，定叫大軍平安渡過大海，取得東征的勝利。」

不久，忽傳一位近居海上的豪民請求見駕，並稱三十萬大軍的軍糧及渡海的辦法他都已經準備好了。太宗聞言大喜，便率百官隨這位豪民來到海邊。只見萬戶皆用彩幕遮圍，十分嚴密。這位豪民老人領太宗進到屋裡。室內更是繡幔彩錦，茵褥鋪地。百官進酒，宴飲甚樂。不久，風聲四起，波響如雷，宴席上的杯盤盡皆傾倒翻覆，人身搖動，良久不止。太宗這時才驚覺不對，忙叫近臣揭開彩幕察看，不看則已，一看愕然。及目四顧，全是一片看不到盡頭的汪洋。大軍竟然早已航行在大海之上了！原來這豪民是將軍薛仁貴所假扮的，為的是怕太宗不敢過海而退兵，因此策劃了這個「瞞天過海」的計策。

②太陽，太陰：指非常公開的形式裡，隱藏著十分隱密的內容，而且不易被人察覺。據傳陰陽對立的概念最初由中華民族先祖伏羲發明，此即以陰陽組成的八卦。

後來，據司馬遷講，周文王將八卦推演成六十四卦，陰陽對立之中，亦有陰陽互相轉換、互相雜糅的表現。

古代的軍事家們將陰陽對立統一的概念用在指揮戰鬥的行動中，就總結出了奇正、柔剛、明暗、後先、虛實、退進等陰陽相對的關係。從運用計謀的角度說，陰謀置於公開正常的表現形式之中，正是「太陽」則「太陰」，「陰謀」轉化成「陽謀」，恰好是最大、最高級的陰謀。

【譯文】

防備太過周密，則意識易於鬆懈；經常見的事物，則不易引起懷疑。所以說，祕計正是隱藏在公開的事物中，而不

與公開的事物相對立。非常公開的形式，往往隱藏著十分深奧的機密。

【評析】

「瞞天過海」之計，其核心就是將陰謀公開化而不為人覺察，抑或叫「陽謀」也未嘗不可。故其釋詞有言曰：「陰在陽之內，不在陽之對。」

而且進一步說：「太陽，太陰。」就是說，越是大的陰謀，往往就越是以公開的方式出現，因為它太公開了，人們反而極易相信，信焉不察，以故上當。

這樣的大「陰謀」，它所造成的危害也就更大，故而可稱是最高的計謀。所以，三十六計的編者將「瞞天過海」列為第一計，也是大有深意的。

【實例】

一、賀若弼渡江滅陳

西元 589 年，隋朝大將賀若弼率大兵攻打南朝的陳國。為達成戰爭的奇襲性，賀若弼故意經常組織部隊調防。每次調動，都令部隊在歷陽（今安徽省和縣一帶）集中，且令三軍大張旗鼓，迷惑陳國守軍。陳國起初以為隋朝大軍將至，乃盡發國中兵馬，準備迎戰；待發現並非隋軍出擊，遂撤軍休整。

　　如此多次調防後，陳國已然麻痺，戒備鬆懈，直到一天隋朝大軍渡江而來，陳國守軍竟未察覺，以致一觸即潰，不久即滅亡陳國。

二、孫臏隱忍瞞龐涓

　　戰國時期，據說孫臏與龐涓同向鬼谷子學習兵法，後來龐涓做了魏惠王的將軍。他知道自己的本領不及孫臏，就將孫臏叫到魏國，竟動私心將孫臏的膝蓋骨去掉。這樣還不放心，乾脆將孫臏藏起來。孫臏落難，遂故意披頭散髮，裝瘋賣傻起來；龐涓派人觀察孫臏是否真的精神不正常，都被孫臏隱瞞了過去。

　　龐涓以為他真的瘋了，就放鬆了監視。一天，齊國使者來到魏國，孫臏暗地裡與其接觸，表達投靠齊國的意圖。使者見孫臏是位不可多得的奇才，便將他偷偷地運往齊國。以後，孫臏為齊國將軍田忌獻圍魏救趙奇計，一舉打敗龐涓的軍隊，並置龐涓於死地。

三、國軍祕密進上海

　　1937 年 7 月 7 日，日軍大規模侵華開始，上海形勢日趨緊張，日軍在滬兵力已達一萬人。時任京滬警備司令的張治中將軍決定先發制人，搶在日軍大部隊進入上海前夕，先行派軍入滬，消滅那裡的日軍，剷除日軍佔領上海、進攻南京的基地。

　　由於當時的國民政府仍抱有讓西方調停的幻想，故不想違反屈辱的《上海停戰協定》，因此張治中派軍隊進入上海，只能採取祕密方式進行。他先是命令精銳的第2旅換上保安服裝，利用夜間進入虹口、龍華機場，接著全部機械化的第87師、第88師也祕密進入西郊待命。上海市內為了修築工事，也採取祕密方式進行，許多紀念性建築實際上成為軍隊的掩體。

　　起初，國民政府這一瞞天過海之舉連上海市民也不知曉，後來，日軍有所察覺，派人到施工現場偵察，引起兩軍衝突。這時，日軍侵佔上海的野心曝露無遺，於是張治中命第87、88師迅速佔據已修好的工事，與日租界的日軍對峙。8月13日，日軍首先開火，中國軍隊奮起反擊。著名的「八一三」抗戰拉開序幕。

第二計　圍魏救趙

　　本指圍攻魏國的都城以解救趙國，現借指用攻擊敵人後方或其他薄弱之處來迫使敵方妥協放棄的戰術。本計的成功關鍵在於：避免和強敵正面決戰，抓住敵人的薄弱環節發動攻擊，若敵手沒有弱點，則設計讓敵方曝露弱點來攻擊。

【原文】

　　共敵①不如分敵，敵陽不如敵陰②。

【注釋】

　　①共敵：使敵人集中起來聚殲之。

　　②敵陽不如敵陰：敵陽：從正面打擊敵人。敵陰：從側面或從背後打擊敵人。此句也可理解為：在敵人氣盛時打擊之不如在敵人氣衰時打擊之。

【譯文】

　　使敵人集中起來進而聚殲之，不如使敵分散進而分別殲滅之；與敵人迎面相擊不如從背後突襲效果更好。

【評析】

「圍魏救趙」之計源於戰國時期齊國與魏國的桂陵（今山東菏澤市東北）之戰。西元前 354 年，魏國軍隊圍攻趙國都城邯鄲，雙方僵持不下。此時，齊國應趙國之請，派田忌為將，孫臏為軍師，率兵八萬救趙。齊國思考攻擊方向選在何處？起初，田忌欲直趨邯鄲。

孫臏獻計：「今梁（指魏國）趙相攻，精兵銳卒必竭於外，老弱罷（疲）於內。君不若引兵疾赴大梁（今河南開封），據其街路，衝其方虛，彼必釋趙而自救。是我一舉解趙之圍而收弊於魏也。」（見《史記・孫子列傳》）果然，當齊軍直奔大梁時，魏軍聞訊急忙放棄邯鄲回師自救。齊軍乘其疲於自救之時，在桂陵設伏，魏軍被擊，措手不及，主帥龐涓戰死，趙國之圍遂解。

圍魏救趙的故事是著名的實例。用於三十六計的第二計，其中心思想是避敵鋒芒，擊敵虛弱。其中有兩層涵義：其一，在選擇作戰方向上，要儘量選在敵人既關鍵又虛弱的部位；其二，在選擇打擊時機上，要儘量在敵懈且無防備之時。時空兩方面的選擇，都必須正確，方有可能取勝。

「圍魏救趙」的戰法，歷代軍事家都予以高度讚賞，並予以靈活運用。以上實例可知，「圍魏救趙」的戰法，其核心的思想就是避實擊虛，變被動為主動。

【實例】

一、班超智和鄯善国

永平十六年（西元 73 年），漢明帝派大將軍竇固率軍西進攻打匈奴，班超為假司馬隨軍前往。為聯絡西域諸國共同對付匈奴，竇固派班超為使者到西域去。

班超一行 36 人歷盡千辛萬苦，首先來到西域的鄯善國（樓蘭）。開始時鄯善王接待他們的禮節非常恭敬周到，但不久突然變得疏忽怠慢起來。原來，與漢朝為敵的匈奴也派使者來到鄯善，不斷向鄯善王施加壓力。

班超立即召集大家商議對策。他說：「我們來到西域，無非是想立功報國，現在鄯善王因匈奴使者的到來而變得優柔寡斷。我們該怎麼辦呢？」大家都說：「如今已是緊要關頭，我們聽從您的決定。」班超語氣變得堅定起來：「不入虎穴，焉得虎子。今夜我們趁黑夜發動火攻，消滅匈奴使者，這樣鄯善王必定會同意與漢友好。」

天一黑，班超就帶領兵士奔襲北匈奴使者的駐地。當晚正瓜起大風，班超吩咐十個人拿了軍鼓，隱藏在屋子後面。行動前約定：「一見大火燒起，就立刻擂鼓吶喊。」其餘人都帶上刀劍弓箭，埋伏在門的兩旁。

於是班超親自順風點火，前後左右的人便一起擂鼓呼喊。匈奴人一片驚慌。班超親手擊殺了三人，部下亦斬得北匈奴使者及隨從人員三十多人，還有一百多人統統被燒死在裡面。

戰鬥結束後，班超把鄯善王請來，叫他看匈奴使者的首級。鄯善王嚇得面如土色。班超乘機說服他與漢朝建立友善關係，鄯善王連連點頭稱是。為表誠意，鄯善王還把自己的兒子送到洛陽去做人質。

鄯善王捨漢朝而欲親匈奴，主要因匈奴使臣相迫。若班超強令鄯善王臣服漢朝，即使鄯善王表面答應，內心也不會真服。班超遂以迂為直，轉而攻擊自己的對手匈奴使臣，及時扭轉了不利的局面，挽救了瀕臨危機的漢鄯友好關係。

二、諸葛亮一箭三鵰

漢末建安四十六年，曹操親率三十萬大軍進攻東吳。孫權面臨大敵，十分驚慌，緊急派人向荊州的劉備求援。此時，劉備正準備攻取西川，無力東顧。諸葛亮獻計，請修書一封，請馬超出兵，從西面進攻長安等地，曹操必然撤兵。

劉備聞計大喜，立即修書一封，陳述天下大勢，並言曹操於馬超，有殺父之仇。馬超見信，知道有機可乘，且可報曹操殺其父馬騰之仇，於是率二十萬大軍東進，一舉攻下長安、潼關，威脅到曹操控制的中原地區。曹操聞訊，顧不得進攻孫權，立即撤軍。

諸葛亮此計，其一退了曹兵，其二解了孫權之圍，其三引開了馬超，有利入取西川，可稱一箭三鵰的「圍魏救趙」之計。

三、英軍轟炸柏林城

第二次世界大戰初，希特勒以閃電式進攻迅速奪取了荷、比、盧、法諸國，接著就是征服英倫三島。

希特勒本想誘降英國，但是邱吉爾首相絕不屈服。於是希特勒下令對英國空襲，為登陸英國的海獅計畫做準備。

當時，英國的空軍處於劣勢，沒有絕對制空權，邱吉爾為了恢復空軍力量，採取了以空軍突襲柏林的戰術。

1940 年 8 月 26 日，英國皇家飛行隊的轟炸機突然轟炸了柏林，並撒下大量傳單。這使沉浸在勝利海洋中的德國大為震驚。希特勒萬萬沒想到英軍還能採用這個襲擊手段，於是開始大肆襲擊倫敦等大城市，打擊經濟和民生目標。

這時，英國的戰機生產能力藉機得到恢復，1941 年 7 月 16 日，德軍再次大規模襲擊，英軍猛烈還擊，這就是二戰中有名的不列顛空戰。英軍憑藉頑強的信念最終取得勝利。

第三計　借刀殺人

　　所謂借刀殺人，是指在對付敵人時，自己不動手，而利用矛盾、反間、離間等謀略，巧妙地利用第三者的力量去攻擊敵人，藉此保存自己的實力，這個第三者可以是己方，也可以是敵方；此計的成功關鍵在於：知彼知己，充分了解敵手與己方，善用敵方成員的矛盾與利益糾葛，使其自相殘殺。

【原文】

　　敵已明，友未定，引友殺敵；不自出力，以損推演①。

【注釋】

　　①損：《易經》之「損」卦。其象辭曰：「損下益上，其道上行。」

【譯文】

　　敵人已經很明確，而盟友一方尚未確定，則可誘導此未定的盟友去消滅敵人。這種不用自己出力即可消滅敵人的辦法，是用「損」卦中「損下益上」的邏輯推演出來的。

【評析】

「借刀殺人」是一個形象的比喻。此計的核心是利用第三方的力量去打擊敵人，消滅敵人，而我方可以保全力量。這樣做，有一個前提，就是那用於殺敵的「盟友」，即所借來殺敵的「刀」，是尚未確定的「盟友」，它有可能是我的盟友，也有可能是我的敵人。這種盟友關係未定，故利益不盡一致；當敵人已然明確時，可借其力量與敵抗爭。

這在古代也有相近的成語，叫「鷸蚌相爭，漁人得利」；也有俗語，叫「借力使力」。

「借刀殺人」之計的關鍵在「借」，所「借」之計或借機製造「友」與敵之間產生矛盾，這是借「友」去殺敵的前提。

所以，聰明的將帥，不僅要善於分析敵我之間的矛盾和強弱，而且要善於隨時發現第三方勢力與我方、與敵方的利害關係，並積極利用這種利害關係，打擊敵人，保護自己；削弱敵人，壯大自己。至於對所借之「刀」，即這「盟友」的最終關係，要看形勢的發展而定。

事實上，所謂「友」，往往就是「敵」，而且是敵方最高首領。看了以下三個實例即可明白。只是這樣的「友」被「我」所蒙蔽，為「我」所用罷了。所以，此計的關鍵，在於根據形勢巧借殺敵之「刀」。

【實例】

一、鄭桓公借刀殺人

春秋時期，鄭桓公擬襲擊鄶（ㄎㄨㄞˋ）國（在今河南新密市東南）。他事先派人探聽好了鄶國有哪些智勇兼備的文臣武將，通告他們，一旦打下鄶國，將分別封贈官爵，並將鄶國的土地全部分送他們。隨後，鄭桓公又在城外高築祭壇，把這些文臣武將的名單埋在壇下，舉行盟誓，永不負約。鄶國的國君知道此事，以為這些臣屬都要背叛，一怒之下，將他們全部殺死。結果鄭桓公乘虛而入，輕易攻下鄶國。

二、子貢智解魯危

春秋末年，齊簡公興兵伐魯。魯國實力不敵齊國，形勢危急。孔子的弟子子貢分析形勢後，認為唯吳國可與齊國抗衡，可藉吳軍挫敗齊國軍隊。田常當時蓄謀篡位，急欲剷除異己。子貢於是前往齊國遊說齊相田常，以「憂在外者攻其弱，憂在內者攻其強」之理，勸他不要讓他的政敵在攻弱魯中擴大勢力，而應令其攻打吳國，借強國之手剷除異己。田常被說服，不由意動，但因齊國早已做好攻魯的準備，轉而攻吳不僅準備不夠充分，也師出無名。子貢說：「這只是件小事，很容易就能解決。我馬上去勸說吳國救魯伐齊，您這不是就有了攻吳的理由了嗎？」田常聽後高興地同意了。

之後子貢趕到吳國，對吳王夫差說：「若是齊國攻下魯國，國力勢必將變得更強，必將伐吳。大王不如先下手為強，聯魯攻齊，吳國不就可抗衡強晉，成就霸業了嗎？」而後又馬不停蹄地前往越國，說服越國派兵隨吳伐齊，解決了吳王的後顧之憂。子貢遊說三國，達到了預期目標，令吳王夫差

決心出兵救魯伐齊，他又想到吳國戰勝齊國之後，定會要脅魯國，魯國不能真正解危。因此又獨自前往晉國，向晉定公陳述利害關係：「吳國伏魯成功，必定轉而攻晉，爭霸中原。勸晉國加緊備戰，以防吳國進犯。」

　　西元前 484 年，吳王夫差親自掛帥，率十萬精兵及三千越兵攻打齊國，魯國立即派兵助戰。齊軍中吳軍誘敵之計，陷於重圍而大敗，主帥及多位大將死於亂軍之中。齊國只得請罪求和。吳王夫差大獲全勝之後，驕狂自傲，立即移師攻打晉國。晉國因早有準備，擊退吳軍。子貢充分利用齊、吳、越、晉四國的矛盾，巧妙周旋，借吳國之「刀」，擊敗齊國；借晉國之「刀」，滅了吳國威風。魯國雖也捲入戰火，卻損失微小，得以從危難中解脫。

三、皇太極智殺袁崇煥

　　明朝天啟六年（西元 1626 年），努爾哈赤親率大軍攻打寧遠（治今遼寧興城）。守將袁崇煥予以痛擊，努爾哈赤在此役中負傷，並因此羞憤而死。

　　皇太極繼位後，改為繞開寧遠，由內蒙越長城進入內地的策略。袁崇煥聞報，立即率兵入京，提前三天做好迎敵準備。滿兵先鋒剛到，便遭到迎頭痛擊。

　　袁崇煥的雄才大略，成功阻遏了努爾哈赤父子入侵內地的企圖，皇太極決定採用借刀殺人之計，除掉袁崇煥。

　　他祕密派人用重金賄賂明朝宦官，向崇禎皇帝告「密」，稱袁崇煥已與滿洲定下密約，故滿兵才能打到京城附近。崇

禎聽說，果然大怒，將袁崇煥下獄問罪，並不顧朝野上下的一再諫阻，將袁崇煥處死。

於是，皇太極為入關奪取天下除掉了最為強勁的對手。

四、希特勒借刀殺人

1936 年冬天，希特勒突然接到一份情報，稱蘇聯元帥圖哈切夫斯基有可能發動政變。希特勒雖然對情報將信將疑，卻決心以此情報為線索採取借刀殺人之計，除掉屠哈切夫斯基等能征善戰的蘇聯將領。

於是，他下令讓情報負責人海德里希祕密組織、編造所謂的屠哈切夫斯基反蘇「證據」，如他們與德國高級將領之間有關發動政變的往來信件，及出賣情報的情況和所獲鉅款的收據等。海德里希設法把這些情報轉到蘇聯情報人員手中。不久，蘇聯統帥部以三百萬盧布購買了這份情報。圖哈切夫斯基等八名將領立即被捕，在大量「證據」面前有口難辯，僅用幾十分鐘審訊，便被宣判死刑，並在十二小時內全部被處死。

希特勒的這一手段不僅借史達林之手消除了日後與蘇聯交戰中的強勁對手，而且藉此討得史達林的好感，穩住東方，終於使他能從容地先向西部國家進攻。

第四計　以逸待勞①

　　強弱是相對而言，被動可以透過削弱敵方而轉化為主動，本計的成功關鍵在於：善用時間與掌握轉化雙方力量的關鍵，將劣勢隨時間轉化為優勢。一開始的弱勢不是永遠的弱勢，積極的防禦也可以是最佳的進攻。

【原文】

　　困敵之勢，不以戰，損剛益柔②。

【注釋】

　　①以逸待勞：出自《孫子·軍爭篇》：「故三軍可奪氣，將軍可奪心。是故朝氣銳，晝氣惰，暮氣歸。故善用兵者，避其銳氣，擊其惰歸，此治氣者也。以治待亂，以靜待嘩，此治心者也。以近待遠，以佚（同「逸」）待勞，以飽待饑，以治力者也。」逸，安閒。勞，疲勞。

　　②損剛益柔：出自《易》「損」卦。《六十四卦經解·損》：「損剛益柔有時者，損於晝而日漸短，益於夜而宵漸長。此以一日言也。」意為劣勢可以透過削弱敵方而轉化為優勢，被動可以透過削弱敵方而轉化為主動，這個轉化都是有時機的。

　　比如進攻者白天銳氣方剛，處於主動的、優勢的地位，但

難於長久，長久了就會疲憊。防守者在主動進攻的敵方看來是被動的劣勢的一方，但當敵方疲憊時，防守者的劣勢就可能轉化為優勢。這就是剛柔互相轉化的道理，故應善於透過損剛益柔，達到「以逸待勞」，克敵致勝的目的。

【譯文】

想迫使敵方處於困境，不一定要採取主動進攻的手段，而應採取剛柔互相轉化的方式，實施積極防禦，使敵方逐漸疲憊，由強變弱，我方自然就會由被動轉化為主動，敵方自然就會轉入被動局面。

【評析】

「以逸待勞」之計，原本指使我方軍隊處於精神飽滿的狀態，以迎擊敵方的疲勞之師。除上引《孫子・軍爭篇》所述「以佚（逸）待勞」之外，《孫子・虛實篇》也說：「凡先處戰地而待敵者佚（同逸），後處戰地而趨戰者勞。故善戰者，制人而不制於人。」這幾句話說的更明白，「以逸待勞」主要「治」軍隊之「力」，其主要著眼點，在於使軍隊預先到達設定的戰鬥地點，等待疲勞之師到來，即予擊之。

「以逸待勞」其實質，是將帥率領軍隊爭取戰鬥、戰役，乃至戰爭的主動權。據其釋文，「以逸待勞」的目的，在於在戰鬥前期已經削弱敵方優勢，並增強我方實力，從而穩操勝券，甚至於可「不戰而屈人之兵」。從這個意義上講，「以逸待勞」之計，不僅顯現在戰術層次上，若是顯現在戰略層次上，則是

大智慧的表現。

【實例】

一、王翦滅楚

　　戰國末期，秦將李信率二十萬大軍攻楚，起初銳不可當，不久，就中了楚將項燕的伏兵之計，狼狽而逃。後來，秦王重新起用老將王翦。

　　王翦率六十萬大軍進攻楚國，卻陳兵秦楚之境，不急於進攻。整整一年，王翦所率秦國大軍，在抵達楚國國境之後堅守不出，六十萬士兵都休養生息，堅壁而守，不肯出戰。楚軍急於擊退秦軍，屢次挑戰，然而王翦就是不予出擊。

　　王翦每日要求士兵休息洗浴，安排豐盛飯食安撫他們，同時與士卒同飯同食，其意在養精蓄銳，消耗敵軍，以待最後殊死一戰。

　　相持一年後，楚軍緊繃的弦早已鬆懈，將士上下已無鬥志，反觀秦軍卻是經過一年操練，技藝精進。王翦見時機成熟，下令追擊正在撤退的楚軍，勢如破竹，一年就平定了楚國城邑，俘虜楚王負芻，楚地終成秦的一個郡。王翦於是又率兵南征百越，取得勝利。因功著而晉封武成侯。

二、陸遜火攻劉備

　　三國時期，吳國呂蒙等人殺死關羽，奪取荊州。劉備怒不可遏，親率七十萬大軍伐吳。連克十餘陣，一直深入吳國

腹地五、六百里。危急時刻，孫權命青年將領陸遜為大都督，率五萬人迎戰。

陸遜認為劉備報仇心切，銳氣正盛，兵多將猛，難於正面交鋒，乃採取主動後撤，誘敵深入，集中兵力，相機破敵的方略，令部將李異、劉珂退至夷陵、猇亭（今湖北宜昌東、東南）一帶，把數百里峽谷山地讓給劉備，以使蜀軍戰線拉長，露出破綻，等待戰機。

期間，前線吳軍諸將多次請求陸遜派兵增援，陸遜知夷道城堅糧足，有意讓其牽制蜀軍，而堅持不予增兵。當蜀軍頻繁挑戰，吳將皆急欲迎擊時，陸遜耐心勸止，堅守不出，欲使蜀軍師勞疲憊。有些老將和貴族出身的將領不服約束，陸遜則繩之以軍紀，嚴加制止。劉備在山谷設伏兵一千人，令吳班平地紮營，企圖誘吳軍出戰，為陸遜識破，仍不與戰。

果然，由於長途奔襲，加上在山地裡難以展開，相持半年後，時至盛夏暑熱，蜀軍因無法急戰速勝，逐漸兵疲意懶。蜀水軍又奉命移駐陸上，失去水陸兩軍相互策應的主動權。蜀軍深入敵國腹地，延綿數百里山川連營結寨，因戰線過長，運轉補給發生困難。陸遜因此反被動為主動，看到蜀軍駐紮於山林之中，綿延數百里，首尾難顧，遂決定用火攻。大火燒及蜀軍七百里連營，士兵傷亡慘重，劉備只能敗退。吳國創造了以逸待勞、以少勝多的著名戰例。

三、以軍驕兵之失敗

第四次中東戰爭中，當埃及軍隊突破巴列夫防線後，

以軍令一九〇裝甲旅去破壞菲爾丹橋，企圖阻止埃及軍隊的推進。埃軍破譯了以軍的作戰命令，急命第二步兵師在一九〇旅前進的道路旁設伏。同時令士兵在菲爾丹橋附近架設橋樑，佯示後續部隊大量渡河。第二步兵師根據一九〇旅孤敵冒進、麻痺輕敵的弱點，令一先頭營且阻且退，誘敵進入伏擊區，一舉全殲。

　　這也是以逸待勞的方法，創造了現代戰役中步兵戰勝坦克兵的戰例。

第五計　趁火打劫

這是趁著敵人處於危險混亂時加以攻擊的策略，換句話說，就是在己強敵弱的狀態下乘勢擴大戰果，此計的成功關鍵在於掌握時機的慧眼與適時出擊的果斷，否則時機一過，反會在曝露底牌後遭到對手攻擊。

【原文】

敵之害大①，就勢取利，剛決柔也②。

【注釋】

①害：危害、危難，困境。

②剛決柔也：語出《易》「夬」卦。其象辭說：「夬，決也，剛決柔也。」決，沖決，衝開之意。剛決柔，意為強大者乘敵方危困時，一舉戰勝之。

【譯文】

當敵方處於極為危困的境界時，我方應該乘其危困之勢奪取勝利，這是以強勝弱的戰法。

【評析】

　　趁火打劫，是一個形象的比喻。意為趁別人家中失火，無暇自顧時，去搶劫人家的財物。這本身是不道德的行為，運用在敵我雙方的鬥爭中，則指趁敵方處於危困之時，乘機出擊，削弱或戰勝敵人。《孫子・計篇》：「亂而取之。」唐代杜牧解釋說：「敵有昏亂，可以乘而取之。」都是講的這個道理。

　　「趁火打劫」的內涵有二：一是我方要有絕對取勝的把握。敵方「害大」，處於危困的態勢，此時，無論其軍隊多寡，都為弱勢。相對而言，我方則處於強勢，而且力量對比懸殊，我方可一舉致勝。二是我方將帥要善於把握戰機，即敵方「害大」之時，就是敵我雙方力量懸殊之時，就是我方迅速「就勢取利」之時。在戰爭中，這樣的有利形勢往往稍縱即逝，敵弱我強的態勢不一定持續多長時間。故將帥對敵情的判斷及下決心以「剛決柔」的時機，就顯得特別重要。

　　從戰略方面看，敵方的危困局面大致來自兩個方面：即內憂與外患。內憂有天災，也有人禍，都可造成敵方深處困境之中；外患則多為外敵入侵。古代軍事家在割據中主張：敵方有內憂，就出兵佔領其土地；敵方有外患，就掠奪其財物。敵方內憂外患交迫，就吞併其國家。這是因為，內憂是心腹之患，可以比較放心地去打擊。

　　敵方可能一時危困，但無內憂，人心可用，打擊敵人只能是採取乘機撈一把的方式。如敵方內憂外患並舉，則可以放心地大舉進攻。可見，對敵方處於危困的狀態，也不能一概視之，而應採取對我方恰到好處的戰略。

　　此外，若要達到趁火打劫之勢，可有意製造敵方的危困局勢，然後再趁勢打擊之。春秋時，越國勾踐臥薪嚐膽，一方面

積蓄力量，一方面奉送美女西施。越王夫差被勝利沖昏頭腦，又被美色所迷，以致驕縱兇殘，拒絕納諫，還重用奸臣，堵塞言路，逼死一代名將伍子胥，弄得國力衰弱，軍無鬥志。

西元前 473 年，吳國歉收，民怨沸騰，而越國國力已強，於是，勾踐乘夫差北上與中原諸侯在黃池會盟之機，大舉進攻，迅速滅掉吳國。這是典型的趁火打劫的實例。

【實例】

一、清軍趁火打劫奪江山

1644 年 3 月，李自成率兵進佔北京，明朝崇禎皇帝在景山自殺。明朝百官與軍隊處於混亂狀態。此時，鎮守山海關的明朝將領吳三桂，擔負著防止東北清軍進入關內的重任。他的態度決定著關內江山是歸屬於李自成還是清軍。

李自成的軍隊進入北京後，迅速變為一支紀律渙散的烏合之眾，他們大肆搶劫財物，並不惜搶掠明朝降官及其家屬。吳三桂之妾陳圓圓竟被大將劉宗敏霸佔。吳三桂聞知此事，由舉棋不定變為向多爾袞率領的清軍一邊倒。

四月下旬，他甘心充當馬前卒，率部與李自成的大順軍在山海關附近激戰數日，雙方殺得精疲力竭。正當此時，清軍主力乘機向李自成部發動進攻。

李自成敗退回京後，已無心無力與清軍決戰，而是率部逃回內地，將北京拱手讓給清軍。從此，大明的江山輕而易舉落入東北清軍的手中，完成了由明朝向清朝的過渡。

二、齊國滅燕之舉

西元前 314 年，燕王噲受相國子之及其黨羽的愚弄，將王位讓與子之。子之執政，燕國王族極端痛恨，將軍市被與燕王噲的太子平準備攻擊子之。

此時，有人向齊宣王獻計，應乘燕國內亂，及時進攻它。齊宣王認為時機還不到，燕國還亂得不夠，於是派人轉告太子平，願意幫助他奪取王位。太子平得到外應，遂與將軍市被包圍王宮，攻打子之，結果失敗，二人殉難。而燕國內部的矛盾更加尖銳。

此時，又有人向齊宣王獻計：您現在攻打燕國，正如周文王、周武王秉持道義討伐殷紂王一樣，機不可失，時不再來。齊宣王於是派大將匡章急攻燕國，燕國人聞知齊軍到來，竟敞開大門迎接。誰想到匡章佔領燕都後，連燕王噲也一起殺死，燕國的土地一併歸入齊國版圖。

這一戰，齊宣王運用了趁火打劫之計，而且在挑動燕國內亂、把握入侵時機方面，都發揮了主動性，因而能穩操勝券。

三、荀攸獻計滅二袁

建安七年（西元 202 年），曾位列三公的袁紹因官渡之戰兵敗，憂鬱而死。這雖然對袁氏家族是一個深重的打擊，但瘦死的駱駝比馬大，袁紹的兒子和女婿仍握有重兵，足以威脅曹操。

　　西元 203 年，曹操再度討袁，企圖一舉消滅袁氏的殘餘勢力。然而情況並不順利，由於袁紹長子袁譚與幼子袁尚合兵，加上鄴城城堅難攻，相持數日，仍無結果，只好退兵。豈料，袁氏兩兄弟見曹操撤兵而去，竟自毀長城，因爭奪繼承權而開始內訌。袁譚兵敗，逃到平原，被袁尚團團包圍，因被攻打甚緊，不得已只好向曹操求援。

　　曹操本想要答應，謀臣荀攸卻持有不同的看法，他勸曹操說：「袁氏兄弟兵甲十萬，佔地千里，如果他們和睦相處，共守成業，冀州便無法圖謀。現在袁譚、袁尚兄弟交惡，勢不兩立。如果一方取勝，則兵力統一於一人。若是等到那時候再想征伐便困難重重了。所以，我們應趁其內亂而取之，良機不可失。」

　　於是，曹操採用荀攸之計，興兵黎陽，先與袁譚聯姻謀取信任，然後討伐袁尚。至次年 8 月，終於消滅了袁尚的勢力。第三年春，又以「負約背盟」為名，反過來消滅袁譚，遂將冀州納入囊中。荀攸因為這個卓越的謀略，被曹操封為陵樹亭侯。

第六計　聲東擊西

> 利用巧妙的方法誘敵，使敵人產生錯覺，再乘機消滅敵人。此計是把雙刃劍，一旦使用不慎可能被敵軍反將一軍，危及自身，其成功的關鍵在於：準確的情報資訊反饋以及對敵方心理的把握，並隨時確保自己的後路以策安全。

【原文】

敵志亂萃①，不虞②。坤下兌上之象③，利其不自主而取之。

【注釋】

①敵志亂萃：出自《易》「萃」卦之彖（ㄊㄨㄢˋ）辭：「乃亂乃萃，其志亂也。」以亂草叢生比喻敵方神志昏亂。一說「萃」通「悴」，即憔悴，指敵方疲憊。

②不虞：意料不到。指敵方神志昏亂，是因為遭到我方突然出擊。

③坤下兌上之象：在《易》之八卦中，坤象徵地，兌象徵澤。坤下兌上，乃指萃卦。此句意謂地上聚水太多，呈潰決之勢。《六十四卦經解·萃》：「澤水止，故回聚。澤上有地臨，聚水者，地也。澤上於地，則聚水者，堤防耳，故有潰決之虞。」這句解釋，是指前二句之意形成的結果。

【譯文】

　　敵方如亂草相聚，神志不清，是遭受到意外的打擊，這時敵方難以判斷我方的攻擊意圖和出擊位置。這種情況猶如萃卦的坤下兌上之象，水聚得太多，必然潰決。因此，我方應利用其神志昏亂之時而一舉取勝。

【評析】

　　聲東擊西，就是為隱蔽打擊真實的目標，預先打擊敵方其他目標，以達到轉移敵方注意力，擾亂其軍心，最終達到突然打擊真實目標並迅速取勝的目的。真正打擊的目標是實，佯攻之處是虛，正是忽東忽西，虛虛實實，我方的目標清楚，而敵方已被誘騙，我方可從而誘導其做出錯誤判斷。

　　一般而言，聲東擊西之計是在確有把握迷惑敵人，並誘導敵人的情況下實施的。如果在實施中敵方將領識破計謀，則此計就不可能完成，並有可能危及我方。所以，聲東擊西是一個動態的行為，不一定能將預設的計策執行到底。

　　文帝十六年（西元前 164 年），文帝採太中大夫賈誼「剖分王國策」劃小諸侯國。景帝繼位，又採納御史大夫晁錯削藩建議，將諸侯王部分封地收歸朝廷管轄，招致諸侯王不滿，吳王劉濞遂利用諸侯王不滿削藩之策，乘機遊說膠西、膠東、淄川、楚、濟南、趙等諸王，並以誅晁錯、清君側為名，徵兵二十多萬人，並聯絡閩越、東甌助戰，起兵廣陵。膠西、膠東、淄川、濟南、楚、趙六國亦反叛，形成七國聯合反叛漢廷之勢。

　　景帝先用姑息之策，殺晁錯，允許恢復諸王封地；後以周

亞夫為太尉，統率三十六將軍東擊吳、楚叛軍，當時，吳、楚叛軍全力攻梁。梁王幾次求援，景帝亦下詔救梁。周亞夫深知吳、楚叛軍兵勢雖盛，但不能持久，且梁國尚有一定實力，故仍堅守昌邑，另遣弓高侯韓當等率輕騎迂迴吳、楚叛軍側後，斷其糧道。

梁王劉武命大將韓安國等全力抵禦，屢敗吳、楚叛軍。待吳、楚叛軍攻梁受到相當消耗後，周亞夫將主力推進至下邑（今安徽碭山），進逼吳、楚叛軍側背。吳、楚叛軍攻梁不克，西取滎、洛企圖落空，退路受到威脅，遂轉攻下邑，欲求與漢軍主力決戰。但周亞夫堅壁不出，待敵之動。

劉濞遣兵佯攻漢軍壁壘東南角，主力強攻西北角。不料周亞夫竟識破其企圖，當吳、楚叛軍進攻東南角時，卻加強了西北角的防禦。吳、楚叛軍遭受周亞夫的嚴防而不能得逞，進攻受挫，糧道斷絕，士卒叛逃，被迫撤退。周亞夫乘機遣精兵追擊，大破吳、楚叛軍。造反者雖然採取聲東擊西之計，但周亞夫似乎更為清醒，做出了正確判斷。

反之，漢末時，將軍朱儁在宛城（今河南淮陽）包圍了黃巾軍，並在城外堆起土丘觀察，攻擊城內。然後，在城西南率先佯攻，於是黃巾軍大都奔赴西南角防禦。此時，朱儁自率五千精兵攻擊城的東北角，遂乘虛而入。

【實例】

一、拿破崙東征埃及

1798 年 5 月，拿破崙出征埃及，企圖以此為跳板，東

進印度，奪取這個被稱為英國王冠上明珠的國家。他出征前，擔心在地中海遭到英國艦隊的阻擊，就到處散布假情報，稱法國艦隊將再次進攻英格蘭群島，在愛爾蘭登陸。

英國海軍艦隊指揮官納爾遜聽到這個消息，擔心拿破崙真的會進攻英國，便急忙將其艦隊佈防在直布羅陀海峽附近，以防法國海軍西進。

就在這時，拿破崙命令海軍迅速從土倫港出發，向埃及進發。納爾遜發覺上當，馬上急追。不意竟追到法國艦隊之前，提前到達埃及亞歷山大港。他本來可以在此以逸待勞，阻止法軍登陸，卻認為法軍已去了土耳其的君士坦丁堡，便率軍艦向那裡撲去。隨後，法軍正好趕到亞歷山大港，順利地登陸埃及。

拿破崙這次行動，可稱為「聲東擊西」的最佳例證，雖然最後戰爭失敗，但是運用的戰略卻是成功的。當時通訊條件落後，納爾遜難以掌握真情，故一再判斷失誤，被拿破崙所誤導。

二、鄭成功收復台灣

1661 年 4 月，鄭成功率大軍順利登上澎湖島，但要進佔台灣本島，必須先攻下赤嵌城（今台灣尚安平）。鄭成功經過私訪當地老人，知悉有兩條水道可奪取赤嵌城。一條是南水道，易於大船行駛，但荷蘭人已將水道封死，重點佈防。另一條是北水道，直通鹿耳門。這條水道淺而窄，不易大船通行。但鄭成功瞭解，北水道雖然淺而窄，但漲潮時，大船

可通行，而且敵軍防備疏忽，易於達成突擊性。

　　經過一番仔細調查分析，鄭成功決定採取聲東擊西之計，即先派部分主力在南水道做出全力進攻之狀，果然將荷蘭防守的注意力被吸引在南水道。這時，鄭成功親率主力戰艦，在一個月明星稀的夜晚，乘大潮迅速攻佔鹿耳門。然後乘勝進軍，從背後襲擊赤嵌城，很容易就將其攻克，並在不久收復整個台灣。

三十六計新解

敵戰計

「敵戰計」六種，是敵我雙方面對面抗爭時，我方應採取的計謀。敵，敵對，相敵。敵戰，就是相對而戰，或曰力量相當時而戰。

第 ② 套

第七計　無中生有

　　所謂無中生有是將沒有假裝成有，虛虛實實、真真假假，以混淆對方判斷的策略。然而，憑空捏造謊言，無中生有容易，要讓人相信卻難，本計的成功關鍵在於：準確察知目標對象的心理弱點（喜好之物、恐懼之物等），讓其在欲望或恐懼驅使下，喪失理智與冷靜的判斷，對「有」深信不疑。

【原文】

　　誑也[1]，非誑也[2]，實[3]其所誑[4]也。少陰，太陰，太陽[5]。

【注釋】

　　[1]誑：本義為以言騙人。在此指各種迷惑敵軍的行為。

　　[2]非誑：在此指以誑言誑語等製造的假象。

　　[3]實：意動用法。即認為我方製造的假象是真實的。

　　[4]所誑：被迷惑者。指敵人。

　　[5]少陰，太陰，太陽：《靈棋經‧發蒙》卦名。講陰陽轉化道理。在此指誑騙敵人的假象，一旦敵人相信了，就是信以為真，並可能促使敵人被我誘導，這就是由陰轉陽，由虛轉實。

【譯文】

　　製造假象迷惑敵人，看去是假象，但又可視為並非虛假之事，而是要促使敵人信以為真，從而出其不意地打敗敵人。這就是由陰轉陽、由虛轉實的道理。

【評析】

　　本計出自春秋時老子《道德經》第四十章：「天下萬物，無生於有，有生於無。」戰國時，魏國軍事家尉繚子在其軍事著作《尉繚子・戰權》一章中解釋說：「戰權在乎道之所極，有者無之，安所信之。」此計的解語也說，無中生有，是以假象迷惑敵方的戰術，其根據，就是由陰轉陽，陰陽互換的道理。

　　事實上，在軍事戰爭中，戰場形勢是隨著敵我雙方情況以及第三方乃至自然情況的變化而不斷變化的。這種變化，是「無中生有」之計的客觀基礎，而將帥判斷有準與不準之別，則是此計的主觀基礎。有了這兩個條件，就完全可以在敵我雙方相戰時，根據實際情況示敵以假象，從而誘導敵人為我所用，並最終取勝。

　　「無」和「有」本來是一對矛盾體，在軍事戰爭中，「無」就是迷惑敵人的假象，「有」就是假象掩蓋下的真實企圖。由「無」到「有」，這個轉化即是「生」，一方面要我方示假顯得真切，即有符合戰場實際情況之處，另一方面，敵方將帥對假象能夠認可，即信以為真。其中示假象讓對方信以為真，是極為重要的前提，同時，也包括了我方設計假象時，對敵方將帥判斷能力的準確判斷。

　　所以，由虛到實，必然是虛虛實實，反覆轉換的，很少能一示假就可以輕而易舉地讓敵方相信。

【實例】

一、望梅止渴

　　西元 195 年，曹操率大軍征討張繡，時值夏季，天氣炎熱，恰好經過一片荒無人煙的地方，曹軍的將士們已經很長時間沒有喝到水了，又要拚命趕路，真是口渴難耐，苦不堪言。曹操看到這種狀況，也非常著急。忽然，他心生一計，忽然用馬鞭指著前面，大聲對將士們說：「我以往走過此地，前面有一片梅林，樹上長滿梅子。大家快走，摘取梅子解渴吧！」

　　將士們聽說有梅子，頓時有了甜酸交織的感覺，以致口舌生津，不怎麼口渴了。於是打起精神，終於走到一處有水源的地方，度過了難關。

　　本來前面並無梅樹林，曹操卻謊稱有，這個故事用的正是有名的「無中生有」之計。

二、張儀說楚絕齊

　　戰國末期，群雄並立。而在七雄之中，秦、楚、齊三國又遠遠勝過其餘四國，秦國軍力最強，楚國國土最廣，齊國則擁有地利。當時，齊楚聯合抗秦，將秦國拒於函谷關內，無法東進。秦相張儀遂向秦王建議，離間齊楚，再分別擊之。

秦王覺得有理，遂派張儀出使楚國。

　　張儀帶著厚禮拜見楚懷王，說秦國願意把商於之地六百里(今河南淅川、內江一帶)送與楚國，只要楚能撕毀與齊國的盟約。懷王一聽，覺得有利可圖：一得了地盤，二削弱了齊國，三又可與強秦結盟。於是不顧大臣的反對，痛快地答應了。懷王派人與張儀赴秦，簽訂條約。二人快到咸陽時，張儀假裝喝醉酒，從車上跌了下來，回家養傷。楚使只得在館驛住下。過了幾天，楚使見不到張儀，只得上書秦王。秦王回信說：既然有約定，寡人定當遵守，但是楚國還沒斷了與齊國的盟約，怎能隨便簽約呢？

　　楚使只得派人向楚懷王回報，懷王不知這是秦國的圈套，立即派人到齊國，大罵齊王，齊王憤而絕楚和秦。這時，張儀的「傷」也好了，碰到楚使時，還訝異地問「咦，你怎麼還沒有回國？」楚使回答說：「正要同你一起去見秦王，談送商於之地一事。」張儀卻說：「這點小事，不需要秦王親自商定。我當時已說將我的奉邑六里，送給楚王，我說了就成了。」楚使說：「你胡說，你當時說的是商於六百里，不是奉邑六里！」張儀故作驚訝：「怎麼可能！秦國土地都是征戰所得，豈能隨意送人？你們聽錯了吧？」

　　楚使雖然發覺被騙，卻拿張儀無可奈何，只得回國回報楚懷王。懷王大怒，發兵攻秦。然而秦齊已經結盟，在兩國夾擊之下，楚軍大敗，秦軍盡取漢中之地六百里。最後，懷王只得割地求和。懷王中了張儀無中生有之計，不但沒有得到好處，反而卻喪失大片國土。齊國此次雖然也得利，卻為

往後埋下禍患。

三、張巡設計取箭

　　唐朝安史之亂時，張巡率三千將士鎮守雍丘（今河南杞縣）。安祿山命令狐潮率四萬人圍攻雍丘，張巡堅守不降，但守城用的箭矢越用越少。這時，他心生一計，命軍士紮成千餘個稻草人，給它們穿上黑衣，乘夜晚悄悄放下城牆。令狐潮的將士以為張巡派人出城偷襲，遂萬箭齊發，不料，箭大都射在草人身上，使張巡輕易得到數十萬支箭。

　　第二天夜晚，張巡又命大家往下吊稻草人，圍城的敵軍見了，以為張巡故技重施，就不以為意。張巡知道敵人已經麻痹，就藉機吊下五百餘名壯士，以迅雷不及掩耳之勢潛入敵營，打了敵人一個措手不及。張巡見突襲成功，遂打開城門，掩兵殺去，迫使令狐潮退陳留（今河南開封東南），守住了雍丘。

四、蒙哥馬利假陣地真用

　　1942 年 9 月，正值第二次世界大戰期間，英軍元帥蒙哥馬利對北非阿拉曼地區的德軍進行反攻。在反攻過程中，蒙哥馬利先命工兵修築了三個假的炮兵陣地，對這些陣地加以偽裝，並故意露出偽裝的痕跡。

　　德軍不察，以為這裡只是一個假陣地，因此喪失了警惕心。反攻開始後，英軍炮兵迅速開進所謂的假陣地，隨著一

聲令下，萬炮齊發，打得敵人措手不及。隨後，英軍坦克部
隊和尖兵協同進攻，很快獲得了戰役的勝利。

第八計　暗渡陳倉[①]

此計與聲東擊西有異曲同工之妙，但相較聲東擊西，此計在執行上有更明確的誘導之意與行動，即「示之以動」，因為有明處上的誘導，暗處中的突擊便可迅速形成軍力數量上和打擊速度上的優勢，從而達到突然襲擊，迅速取勝之目的。

【原文】

示之以動，利其靜而有主[②]，「益動而巽」[③]。

【注釋】

①暗渡陳倉：此計全稱叫「明修棧道，暗渡陳倉」。典源為：秦末項羽劉邦爭霸，劉邦的部隊首先進入關中，攻進咸陽。勢力強大的項羽進入關中後，逼迫劉邦退出關中，並將其封為漢中王。漢中地勢險要，易守難攻。劉邦為了麻痺項羽，故意燒掉從關中通往漢中的棧道，以示無爭霸天下之意。西元前206年，劉邦蓄養力量已大，命韓信準備出關東征。韓信先大張旗鼓地派了許多兵眾去修復已燒毀的棧道，佯裝要從原路殺出。

關中守軍聞訊，果然密切注視修復棧道的進展情況，並派出主力部隊在這條路線各個關口要塞加緊防範，阻攔漢軍進攻。

然而，這卻是韓信放出的煙霧彈，事實上，他暗地裡卻派出軍隊從小路迂迴到陳倉（今陝西寶雞縣東），突然殺出，一舉打敗雍王章邯，平定三秦。從此，劉邦奪取了爭霸的主動權，跨出了他日後統一中原的第一步。

②主：主要方面。在此指主攻方向或戰爭的主動權。

③益動而巽：出自《易》之「益」卦：「益動而巽，日進無疆。」益，坤益，坤加。巽（ㄒㄩㄣ丶），八卦中象徵風的卦象。風無孔不入，故全句意為不斷增加動作，發揮主動性，就可能乘敵不備，掌握戰爭主動權。

【譯文】

向敵人曝露我方行動的方向，在暗中利用其安靜不動之處加以突襲，從而掌握戰爭的主動權，這樣的方法就如「益動而巽」所述的一樣，在機動中尋找打擊敵人的良機，獲得勝利。

【評析】

「暗渡陳倉」是以古代著名的戰例作為計謀之名的。實質上，其計與「聲東擊西」有相近之處。二計都講究先示敵以佯動，然後在另一個方向加以主攻。

從二計的解釋看，「聲東擊西」講究的是在心理上迷惑敵人，亂其心志，然後取勝，「暗渡陳倉」講的是在戰術路線上先以佯動迷惑敵人，然後再施以主攻方向上的出擊，從而達到突然襲擊，迅速取勝之目的。

　　本計的全名實際是二句，即「明修棧道，暗渡陳倉」。其「明」與「暗」是計謀的核心，佯攻是「明」，主攻是「暗」。明處是誘導敵人，只因敵人不知我方目的，故而產生疑心，所以能被引誘。暗處是主攻方向，因為有明處的誘導，暗處的突擊便可迅速形成軍力數量上和打擊速度上的優勢，所以易於取勝。

　　所謂「明」與「暗」的關係，這在兵法上有如「奇」與「正」的關係，明是正，暗是奇。用兵打仗，在敵我雙方力量相差無幾的情況下，必須以奇取勝。故選擇主攻方向後，不可莽撞地硬用強攻的辦法，而是要選擇一個敵人必定會注意到的地方實施佯攻，在其集中兵力對付佯攻方向的時候，主攻方向必然疏於防備，而主攻方向正是奇招出擊的方向。

　　這一招是敵方戰敗前不可能預知或猜測出來的，所以為「奇」。韓信明修棧道，是因為棧道是通往關中的主道，而且劉邦退入漢中時，正是從此經過的，他甚至還特易燒掉了棧道。在雍王章邯看來，從棧道出來，必須修若干年方可完成，甚至是不可能的事，故而放鬆了防備的警惕。他的錯誤，正是過於簡單地判斷了韓信的出擊方向，或者只是按戰爭的常規模式去進行判斷。然而，韓信是何等將帥，他如何耐得住久修棧道的寂寞？

　　所以，章邯用兵是只知其一，不知其二，只知明不知暗，只知正，不知奇，如何能不敗呢？

【實例】

一、鄧艾奇計阻姜維

　　三國後期時，魏將鄧艾駐軍白水北岸，三天後蜀將姜維令廖化在白水南岸安營相峙。鄧艾見姜維未到，認為蜀軍突然開來，卻無主將在內，而且不乘我軍立足未穩即加以進攻，肯定是以廖化牽制我軍，姜維自率主力東襲洮城（即洮陽城，在今甘肅岷縣境內），用以斷己方歸路。

　　於是，鄧艾下令三軍當夜從小路潛回洮城。果然發現姜維正在那裡渡河。姜維發現鄧艾在城內，計謀難施，只得引兵退去。之後，鄧艾再用奇兵，攻下漢中腹地，拉開了蜀國滅亡的序幕。

二、盟軍諾曼地登陸

　　1944 年 6 月，美英盟軍準備在法國諾曼地登上歐洲大陸，開闢第二戰場，開展對敵軍的反擊。按照地理位置判斷，從英國東南部渡加萊海峽到達法國西部的加萊地區登陸，是最為有利的，不僅有利於運輸軍隊器械，而且便於空軍支援。

　　於是盟軍在此處大布疑陣，設置了「第一集團軍群」的番號，還建立了假的無線電網，散布各種盟軍將從此處進攻大陸的假情報。盟軍甚至還在英國東南部各港口與泰晤士河的河口模擬登陸艦隊演習；並在炮火準備時，加強對加萊地區的轟炸，反之，對諾曼地卻只進行例行轟炸。

　　這一系列頻繁的偽行動，逼真地造成盟軍將在加萊地區登陸的態勢。德軍自然不敢怠慢，加強防守。與此同時，諾曼地登陸的準備已經妥當，並最終順利地實現了大規模登陸成功。

第九計　隔岸觀火

　　此計的特點是：以靜觀變，隨變而動。當敵方內鬨相爭時，既不援助，也不魯莽干涉，靜觀其變。此外需注意的是，使用此計是有先決條件的，一是有「火」可觀，即敵方出現混亂的局面；二是有「岸」可隔，因為在無「岸」的情況下，觀「火」有可能城門失火殃及池魚。

【原文】

　　陽乖序亂①，陰②以待逆③。暴戾恣睢④，其勢自斃。順以動豫，豫順以動⑤。

【注釋】

　　①陽乖序亂：指敵方表面上已互相背離，秩序大亂。陽：表面上。乖：悖離。

　　②陰：私下裡。在此也可以理解為安靜。

　　③逆：悖逆，叛亂。

　　④暴戾恣睢（ㄙㄨㄟ）：窮兇極惡，反目仇殺。

　　⑤順以動豫，豫順以動：出自《易》「豫」卦：「彖曰：豫，剛應而志行。順以動豫，豫順以動。」《易·豫》卦疏：「謂之豫者，取逸豫之義。以和順而動，動不違眾，眾皆悅豫也。」意為：順勢而動則愉悅（豫），愉悅（豫）是因為順勢而動。

就是說，敵人亂時，就讓他順勢亂下去，然後自可達到我方取勝之目的。這正是隔岸觀火，不去施救反而要坐享其成的道理。

【譯文】

敵人已表現出秩序混亂時，就應該靜觀其亂下去。凡是內部互相悖離，秩序大亂者，勢必自取滅亡。順勢而動，自可達到愉悅的目的；能達到愉悅的目的，正是因為能順勢而動。

【評析】

「隔岸觀火」之計，其中心意思是，當敵人內部發生嚴重混亂時，不要輕易介入，而要在一旁靜觀，讓其內部矛盾激化，從而坐收漁翁之利。

事實上，矛盾的發展有兩種可能：一種是複雜錯綜，不可逆轉；一種是看似複雜，最終卻可解決之。這兩種大的趨勢，都是由許多複雜的因素決定的。當敵方後院起火時，採取隔岸而觀的態度，首先是避免引火焚身；其次，可以肯定敵方內部的火將越燒越大。

這其中，貫徹了一個基本的戰略思想，不戰而屈人之兵，或者說，以最小的成本換取最大的利益，甚至無本取利。

隔岸觀火還有另一層意思，就是當敵方內部發生矛盾時，不要輕易介入，否則，外敵強加，有可能使敵方的內亂終止，轉為一致對外。漢末，群雄割據，袁紹之子袁尚、袁熙被曹操打敗，逃往遼東軍閥公孫康處。有人建議曹操藉此機引兵進擊，

一舉擊敗公孫康。曹操笑著說，我正叫公孫康殺掉袁氏兄弟，把頭送來呢，用不著勞師遠征。

　　沒過多久，公孫康果然帶著袁氏兄弟的頭顱來見。眾將莫名其妙，曹操說，公孫康向來怕袁尚、袁熙吞併他，今二袁來投，他必猜疑，而且擔心引火焚身。我們不急於進攻，他們自然會火拚。

　　隔岸觀火，並不是一味強調不出擊打擊敵人，而是強調冷靜地尋找戰機，甚至在背後促使火勢擴大，便可以輕易取勝。

【實例】

一、秦惠王坐山觀虎鬥

　　戰國時，韓、魏兩國曾連年交戰，秦惠王想從中調解，卻不知有何利弊。這時，客卿陳軫來到秦國，秦惠王便問計於他。陳軫先講了一個故事：

　　從前，有一位打虎英雄叫卞莊。一次，他發現兩隻老虎咬死一頭牛，正在爭相撕食。卞莊抽出寶劍就去殺虎。他的僕人勸阻說：這兩隻虎同食一頭牛，過一會兒定會爭鬥起來，不久就會兩敗俱傷，這樣，你便可輕而易舉擒獲兩隻老虎。講完這個故事，陳軫又對秦惠王說：「現在韓魏二國長年爭戰，久而久之，弱國必敗，強國受損，那時再攻受損之國，豈不是一舉而取兩國之利嗎？」

　　於是秦惠王坐山觀虎鬥，在韓國失敗，魏國損失慘重時，出兵擊魏，很快取得勝利。

二、將相失和錯失良機

秦將武安君白起與秦相范睢不和。白起在長平一戰，全殲趙軍四十萬，趙國國內一片恐慌。白起乘勝連下韓國十七城，直逼趙國國都邯鄲，趙國指日可破。趙國情勢危急，平原君的門客蘇代向趙王獻計，願意冒險赴秦，以救燃眉。趙王與群臣商議，決定依計而行。

蘇代帶著厚禮到咸陽拜見應侯范睢，對范睢說：「白起擒殺趙括，圍攻邯鄲，趙國一亡，秦就可以稱帝，白起也將封為三公，他為秦攻拔七十多城，南定鄢、郢、漢中，北擒趙括之軍，雖周公、召公、呂望之功也不能超過他。現在如果趙國滅亡，秦王稱王，那白起必為三公，您能在白起之下嗎？即使您不願處在他的下位，那也不可能了。」

蘇代巧舌如簧，說得范睢沉默不語。過了好一會兒，才問蘇代有何對策。

蘇代回答：「趙國現今已經很衰弱，而秦曾經攻韓，圍邢丘，困上黨，上黨百姓皆奔趙國，天下人不樂為秦民已很久。現在滅掉趙國，秦的疆土雖然擴大，北到燕國，東到齊國，南到韓魏，但秦所得的百姓，卻沒多少。還不如讓韓、趙割地求和，不讓白起再得滅趙之功。」

於是范睢以秦兵疲憊，亟待休養為由，請求允許韓、趙割地求和。昭王應允。韓割垣雍，趙割六城以求和，正月皆休兵。白起聞知此事，從此與范睢結下仇怨。蘇代說：「趙國已很衰弱，不在話下，何不勸秦王暫時同意議和。這樣可以剝奪武安君的兵權，您的地位就穩如泰山了。」

范雎立即面奏秦王。「秦兵勞苦日久，需要修整，不如暫時宣諭息兵，允許趙國割地求和。」秦王果然同意。結果，趙國獻出六城，兩國罷兵。

白起突然被召班師，心中不快，後來知道是應侯范雎的建議，也無可奈何。

兩年後，秦王又發兵攻趙，使五大夫王陵攻趙邯鄲。此時白起有病，不能走動。二年正月，王陵攻邯鄲不太順利，秦王又增發重兵支援，結果王陵損失五名校尉。白起病癒，秦王欲以白起為將攻邯鄲，白起對昭王說：「邯鄲實非易攻，且諸侯若援救，發兵一日即到。諸侯怨秦已久，今秦雖破趙軍於長平，但傷亡者過半，國內空虛。我軍遠隔河山爭別人的國都，若趙國從內應戰，諸侯在外策應，必定能破秦軍。因此不可發兵攻趙。」

昭王親自下命令行不通，又派范雎去請，白起始終拒絕，稱病不起。秦王於是改派王陵攻邯鄲，八、九月圍攻邯鄲，久攻不下。楚國派春申君同魏公子信陵君率兵數十萬攻秦軍，秦軍傷亡慘重。白起聽到後說：「當初秦王不聽我的計謀，現在如何？」昭王聽後大怒，強令白起出兵，白起自稱病重，經范雎請求，仍稱病不起。於是昭王免去白起官職，降為士兵，遷居陰密（今甘肅靈台西南）。

由於白起生病，未能成行。在咸陽住了三個月，這期間諸侯不斷向秦軍發起進攻，秦軍節節退卻，告急者接踵而至。秦王派人遣送白起，令他不得留在咸陽。白起離開咸陽，到杜郵，秦昭王與范雎等群臣謀議，白起被貶遷出咸陽，心

中快快不服，迭有怨言，不如處死。於是派使者拿了寶劍，令白起自裁。

當白起圍邯鄲時，秦國國內本無「火」，可是蘇代點燃范睢的妒忌之火，製造秦國內亂，文武失和。趙國隔岸觀火，使自己免遭滅亡。

三、美國大發戰爭財

1914 年，以德國為首的同盟國和以英國為首的協約國為爭奪世界霸權發生了第一次世界大戰。由於戰火是在歐洲土地上爆發的，美國並不急於參戰，而是採取了隔岸觀火的策略。

戰爭的頭幾年，美國乘各大國發動戰爭之機，搶佔世界市場，同交戰雙方都做生意，大發戰爭財，因此，美國的兵工業得到飛速發展。到 1917 年，經過幾年血戰，同盟國與協約國都已精疲力盡，在此情況下，美國藉口德國實行無限制潛艇戰而向德宣戰，同時，美國軍火大量流入協約國，大量黃金流入美國。

因此，到戰爭結束時，美國不僅還清了全部外債，而且一舉成為世界最大的債務國。可以說，正是第一次世界大戰，讓美國站在大西洋對岸，佔盡戰爭的便宜，因而迅速成為世界第一大國。

四、邱吉爾緩開第二戰場

1941 年 6 月 22 日，德軍以閃電式進攻對蘇聯開戰，蘇聯承受著巨大的壓力。

這時，英國首相邱吉爾理當對蘇聯予以援助，他在發表了一篇措詞感人的支持蘇聯的聲明後，簽訂了蘇英共同對敵的行動，卻遲遲不肯採取具體行動。

蘇軍承受著四百萬德軍的瘋狂進攻，於是，史達林建議美英二國，在歐洲西部開闢第二戰場，形成兩面夾擊之勢。儘管美國予以支持，邱吉爾卻認為條件不成熟。後來，因為外界壓力太大，英美兩國同意合作，卻在北非對德作戰，歐洲戰場上仍以蘇聯一家對付德軍，為此，蘇聯遭受了傷亡二百萬人的巨大損失。

1943 年，蘇聯對德戰爭形勢已有好轉，邱吉爾感到再不開闢第二戰場，蘇聯有可能在歐洲奪取重大利益，於是在德黑蘭舉行了英、美、蘇三巨頭參加的會議，並在最後勉強同意於 1944 年 5 月後在法國登陸，開闢第二戰場。

邱吉爾遲遲不願開闢第二戰場，其意圖就在於借德國之手打擊蘇聯的社會主義力量，再借社會主義蘇聯打擊法西斯德國。希臘記者傑烈比在《邱吉爾的祕密》一書中做了精闢描述：「邱吉爾希望蘇聯在戰爭中流血犧牲，希望在勝利時蘇聯已完全精疲力盡，無法在歐洲和世界發揮首要作用。邱吉爾企圖透過戰爭削弱蘇聯。他希望俄國人孤立地同德國人戰鬥。這樣，不論戰爭的結局如何，雙方都將財盡力竭。」

第十計　笑裡藏刀

　　笑裡藏刀是以表面友好、親善的言詞和舉止作為假象，掩蓋陰險毒辣的用心和企圖，暗藏殺機的策略。此計的成功關鍵是：使敵人輕信而安然不動，我方則暗中策劃，後發制人，「刀」一旦出鞘，應迅速果決，不使敵方得以應變。

【原文】

　　信而安之，陰以圖之，備而後動，勿使有變，剛中柔外也[①]。

【注釋】

　　①剛中柔外：表面柔順，內裡剛強。正是笑裡藏刀的用意。

【譯文】

　　對敵人示以「信」，使其麻痹鬆懈，安而不動，然後暗中圖謀戰勝它。準備好了付諸行動，而且要把握時機，勿使其有變化。這就是內裡剛強，外示柔順的謀略。

【評析】

　　笑裡藏刀，原指外表和氣，內心陰險。借用到軍事謀略上

來，本身說明軍事戰爭是極其殘酷的，在實際的敵我對抗中，必須不擇一切手段來取勝。其內涵是，在政治上或外交上實施偽裝手段，用以蒙蔽對方，從而掩蓋軍事行動，達到突然取勝的目的。

三國時，關羽長期據守荊州，吳國對劉備借荊州而不還的行為耿耿於懷，無一刻不想著奪回此地。當魏軍南攻關羽時，關羽一心與魏軍作戰，東吳大將呂蒙卻自稱病重，返回建業（今江蘇南京），推薦年輕的陸遜任右都督，代他鎮守陸口（今屬南京）。關羽知此消息，遂生輕慢之心，放鬆警惕。

陸遜為進一步對關羽示以親好，寫信誇獎他功高威重，堪與晉文公、韓信齊名。而陸遜自己只是一介書生，仰望將軍的威風。於是，關羽更加放心，全力與魏軍作戰。與此同時，東吳又暗中與曹魏聯繫，防止一旦與蜀軍交鋒，兩面受敵。隨後，呂蒙在關羽集中精力攻打樊城時，把戰船裝成商船，溯江而上，突襲奪取荊州。

顯然，笑裡藏刀是政治、外交與軍事手段相結合之計，是在預設了軍事手段時，先施以政治或外交手段的計謀。此與聲東擊西、暗渡陳倉二計一樣，都是事先穩住敵方，而達成戰爭的突襲性，即以較小損失換取較大勝利。

【實例】

一、公孫鞅計賺吳城

戰國時期，秦國一直被東方六國拒於函谷關外，為了東進擴張，必須奪取地勢險要的黃河、崤山一帶。

西元前 341 年，秦聯合齊、趙兩國攻打剛在馬陵之戰大敗的魏國。同年九月，秦孝公派商鞅進攻魏國的吳城。

吳城原是魏國名將吳起苦心經營之地，不僅地勢險要，防禦工事更是堅固，正面進攻恐難奏效。商鞅因此苦苦思索攻城之計。

他打聽到魏國守將是與自己曾經有過交往的公子卬，遂心生一計，在兩軍對峙時，派使者送信給公子卬，說：「雖然我們倆現在各為其主，但考慮到我們過去的交情，還是兩國罷兵，訂立和約為好。」信中念舊之情，溢於言表。

他還擺出主動撤兵的姿態，命令秦軍前鋒立即撤回，建議約定時間會談議和大事。公子卬看罷來信，又見秦軍退兵，認為商鞅一副誠意，不禁信以為真，馬上回信約定好會談日期。

商鞅見公子卬已鑽入了圈套，就暗地在會談之地設下埋伏。會談那天，公子卬帶了三百名隨從到達約定地點，見商鞅帶的隨從更少，而且全部沒帶兵器，更加相信對方的誠意。會談氣氛十分融洽，兩人重敘昔日友情，表達雙方交好的誠意。商鞅還擺宴款待公子卬。公子卬興沖沖入席，還未坐定，忽聽一聲號令，伏兵竟從四面包圍過來。公子卬和三百隨從反應不及，盡皆被擒。

商鞅利用被俘的隨從，騙開吳城城門，佔領吳城。魏國不戰而敗，只得割讓西河一帶，向秦求和。此時魏惠王說：「寡人真後悔沒有聽公叔痤的話。」商鞅因戰功獲封於商十五邑，號為商君。

二、日軍偷襲珍珠港

第二次世界大戰中，日軍為了發動太平洋戰爭，必須重點打擊美國，因而首先在外交上以日美在太平洋上互利為目的，與美軍進行頻繁的外交談判，似乎日軍很在乎透過談判維護兩國的利益。談判持續半年之久，直到日軍發動戰爭前，還派一名娶了美國女子的外交官赴美協助駐美大使野村進行談判。

這時，日軍已完成一切準備，悄悄啟航，突襲美國珍珠港。1941 年 12 月 7 日，日軍在珍珠港重創美國艦隊，日本使者還繼續被蒙在鼓裡，要求謁見美國國務卿。

三、札木合笑裡藏刀

西元 1206 年，鐵木真被推舉為蒙古的可汗，此即成吉思汗。元老札木合看到成吉思汗勢力壯大，擔心自己的力量被削弱，故尋思著藉機陷害鐵木真。

一天，鐵木真帶著士兵來到勃爾軍山打獵。札木合知道後，在鐵木真歸來的路上搭了一個雕花帳篷，帳篷裡挖了一個陷阱，裡面佈滿槍尖，上面裝了翻板，鋪上地毯，準備了一桌美味的佳餚。

祭盟之日，札木合邀鐵木真到帳中用餐，鐵木真是一位重情義的人，又是札木合的結拜兄弟，就直接應邀而來。

進入帳篷後，鐵木真正要入座，他的獵鷹突然飛下來，追逐一隻鑽進地毯的老鼠，鐵木真藉此發現了地毯下的陷

阱。但是，他並沒有聲張，而是對札木合說：「兄長上座。」
一邊說一邊將札木合推到座位上。可憐札木合掉進自己挖的
陷阱，死於非命，真是搬起石頭砸了自己的腳，又道是害人
不成反害己。

第十一計　李代桃僵①

此計以「李」表示做出犧牲的一方，以「桃」表示被保全的一方。因此，「李」與「桃」之間要具備內在相關的聯繫，否則將無法完成替代任務。要注意「李」輕「桃」重，不能顧此失彼，更不能反向替代，否則會本末倒置。

【原文】

勢必有損，損陰以益陽②。

【注釋】

①李代桃僵：出自《樂府詩集‧雞鳴篇》：「桃生露井上，李樹生桃旁。蟲來囓桃根，李樹代桃僵。樹木身相代，兄弟還相忘。」意謂李樹代桃樹受蟲囓而死。比喻兄弟互相救援。僵，死。

②損陰以益陽：損失一部，以保全大局。陰、陽，在此分別指局部和全部。益，補益，在此為保全之意。

【譯文】

如果大勢不利，必然遭受損失；一定要儘量損失小部的利益，以保全大局的利益。

【評析】

　　「李代桃僵」之計，是敵我雙方相交時，我方處於劣勢下的計謀。這一點從典故的出處——《樂府詩集·雞鳴篇》中可以見得出來。其釋意也是這樣，必定要遭受損失的話，要以損失局部來保全大局。從積極的意義上而言，此計為在劣勢條件下，發揮主觀能動性，以小的損失，形成大的優勢，從而換取大的勝利。

　　戰國時，田忌與齊王賽馬的故事，就是講的這個道理。起初，齊國將軍與王孫貴族們賽馬總是將馬分為上、中、下三等對等比賽，可是他與齊王賽馬時，由於馬力不行，總是賭輸。後來，謀士孫臏稟告田忌，將他的下等馬對齊王的上等馬，中等馬對齊王的下等馬，上等馬對齊王的下等馬，這樣，田忌就以損失一局勝兩局而獲勝。這正是以損失小局保全大局的典型。

　　事實上，「李代桃僵」還有更積極的解釋。在齊軍與魏軍的桂陵之戰中，田忌與孫臏也成功地用了賽馬之法。他們將齊軍按戰鬥力強弱分為上、中、下三等，以自己力量弱的一部攻擊敵人最強的左軍，以上軍擊其中軍，再以中軍擊其右軍，形成二強一弱的對局。孫臏提出，敵強我弱和力量基本相等的兩部分，要盡量依托地形，箝制敵軍。

　　同時，孫臏以最強的上軍迅速打擊敵方最弱的右軍。得勝後再與右軍合力，打擊敵方中軍。二軍齊勝後，再三軍合力打擊敵人最強的左軍。

　　這樣，齊軍在每一次對決中，都形成絕對優勢，從而以各個擊破的方法取得最終勝利。

【實例】

一、邱吉爾割愛考文垂

　　1939 年 8 月，英軍破譯了德軍的超級機密技術，從而多次贏得戰爭主動權。這使德軍統帥部懷疑其通訊機密被破譯，故決定來一次突襲試驗。

　　1940 年 11 月 12 日，英軍破譯德軍即將突襲英國城市考文垂的計畫，行動代號為「月亮奏鳴曲」。本來，英軍可以對考文垂作出嚴密的防範，但這樣做等於把已經破譯密碼的機密告知了德軍。邱吉爾首相經過反覆權衡，認為只有讓德軍這次空襲「成功」，才有可能贏得更大的軍事主動權，於是決定放棄防守。

　　11 月 14 日，敵軍實施「月亮奏鳴曲」，對考文垂實施了長達 16 小時的轟炸，致使六百餘平民喪生。這次重大損失，換來的是英軍在後來的阿拉曼戰役中破譯了德軍情報，獲得完勝。

二、田完子以身殉國

　　春秋末期，齊國大夫田成子篡權，成為齊國的主人。這齊國本來是周初姜子牙的封地，數百年間都是姜姓為王，所以，百姓對田成子主政多有怨恨。周邊的諸侯國也多不服。

　　這時，越國藉口田成子篡權，出兵攻打齊國。田成子一聽此信，急忙召集謀士們商量應對的辦法。有的主張盡快出兵迎敵，有的擔心迎敵不利，有的主張割讓城池。田成子聽

了，覺得都不甚妥當，然而苦無良策。

這時，田成子之兄田完子請求帶領一批賢良之臣出城迎敵，而且一定要死戰，直到全部戰死，方可保全齊國。田成子聽了不明白，田完子說：「現在我們田家佔據齊國，百姓不解，不明白你的治國本領，都不願為你打仗。但賢良之臣中有不少驍勇善戰，急於出兵迎敵，如果不戰，是很令人憂慮的。以越國實力，還不至於亡齊，只不過逞逞威風，在諸侯國之間博取一個正義的名聲。如果我率兵出戰而死，既可平息國內怨情，又可滿足越國討伐得勝的願望，這樣才是最好的救國之道。」

田成子聽了，也認為這是最好的策略了，只好忍痛讓兄長出戰，從而換取了齊國的安定。

三、田忌賽馬

孫臏是戰國時期的軍事家，他與齊國的將軍田忌很要好。田忌經常同齊威王賽馬，馬分三等，比賽時，以上馬對上馬，中馬對中馬，下馬對下馬。因為齊威王每一個等級的馬都要比田忌的為強，所以田忌屢戰屢敗。

孫臏知道後，看到齊威王的馬比田忌的馬跑得快不了多少，於是對田忌說：「再與君上比一次吧！我有辦法使你得勝。」

臨場賽馬那天，雙方都下了一千金的賭注。一聲鑼鼓，比賽開始了。孫臏先以下馬對齊威王的上馬；再以上馬對他的中馬，最後以中馬對他的下馬。比賽結果，一敗二勝，田

忌赢了。

　　在上例中，下馬即為「李」，上馬則為「桃」，藉由調換馬兒的出場順序，讓下馬代替上馬出賽，以此換取另外兩場比賽的勝利，

第十二計　順手牽羊

　　「順手牽羊」是敵我雙方對抗中，伺機取勝、趁勢的計謀，一般也是我方較強大或有局部優勢時採取的戰鬥手段。但是，不能有「羊」就想牽，首先要觀察它是不是誘餌，其次要明確：小利終歸是小利，不能代替自己的主要目的。只有在不影響主要目標達成的前提下，才能順手去取意外之利，否則就會因小失大。

【原文】

　　微隙在所必乘，微利在所必得。少陰，少陽[①]。

【注釋】

　　①少陰，少陽：指陰、陽各自的初生。比如太陽、月亮的初生，都顯得微小。在此當指抓住敵人小的錯誤，變為我方小的勝利，也是「損陰以益陽」之意，只不過此陰不是我方小的利益或局部，而是敵方的利益或局部。

【譯文】

　　在敵我交鋒中，哪怕敵方曝露出微小的錯誤，也必須加以利用；哪怕有微小的可取之利，也必須努力獲取。總之，要變敵方小的疏忽為我方小的勝利。

【評析】

「順手牽羊」是敵我雙方對抗中，伺機取勝的計謀。看起來，這一計謀更像一個原則，即根據戰爭必須爭勝的目的，凡是任何取勝之機，都不可輕易放過，哪怕是極微小的勝利。如果說有什麼計謀因素在其中，則是「微隙在所必乘」，或曰「伺隙搗虛」。

即將帥要時刻注意觀察敵方漏出的破綻，從而捕捉或創造取勝的戰機。事實上，任何敵人，哪怕是極為強大的敵人，都是有破綻可尋的。從某種角度而言，打擊敵人的過程，首先是調查敵情、分析敵情的過程，在調查與分析的過程中，必然在某一部位或某一時段上發現敵人的漏洞，進而決定打擊敵人的方式。

因此，「順手牽羊」並不是一件輕鬆的事，對任何敵人，都不可掉以輕心；同時，對任何敵人都必須胸有成竹，對任何與敵情有關的天文地理及盟友等情況，也必須瞭若指掌，真正做到能夠知己知彼。有了正確的態度，下了精細的工夫，方可順手牽羊。

而且，一般而言，順手牽羊是我方比較強大或在某一時機有局部優勢時採取的戰鬥手段。

據《左傳・僖公五年》載：春秋時期，晉侯久存滅掉虢國與虞國之心，但必須借虞國之道去滅虢國。

為此，晉侯派人與虞國交涉，並送了許多禮。虞國的謀臣宮之奇向國君進諫：「晉國一旦借道滅掉虢國，便會在返回之時順勢滅掉虞國。這正如唇齒相依，唇亡則齒寒。」希望國君

拒絕借道，然而虞國的國君貪圖晉國的厚禮，不聽宮之奇的進諫，還是借道於晉軍。

　　果然，晉軍在滅掉虢國之後，在返回晉國的途中，順道就消滅了虞國。晉軍滅虞的行動，正是在晉軍佔據強勢而且對虞國形勢極為熟悉的情況下，順勢採取的軍事行動。此時，虞國不僅勢小，而且形勢極為孤立，虢國已為晉國的領土，晉國自然不可能允許在這塊新得的土地之間，橫亙一個虞國，所以，順手就將虞國歸於晉的版圖之中了。

　　由此可見，順手所牽之羊，不一定就是正在打擊之敵，也很可能是敵人的盟友。

【實例】

一、奧蒙德公爵順手牽羊

　　1702 年夏天，英國為奪取地中海入口的控制權，派海軍突襲西班牙的港口城市斯港。

　　帶領艦隊的奧蒙德公爵在斯港因不明敵情，不敢貿然進攻，待西班牙軍部署完畢，他才率艦隊進攻，以致錯失良機，作戰失利。這時，喬治爵士建議用兵在外，不宜持久，應及早回兵。

　　正當英軍準備撤退時，有人報告，西班牙的一艘運寶船，剛停泊在斯港附近的比戈灣內。奧蒙德公爵馬上下令突襲運寶船，搶走了價值一百萬英鎊的寶物。

　　奧蒙德公爵雖然出師不利，但他在即將撤兵之時，卻能

順手牽羊，大撈一把，這令英國國君很開心，故不僅沒有責怪他的過失，反而大大表揚了他一番。

三十六計新解

攻戰計

「攻戰計」是敵我雙方實力相當或對壘時的謀略。主要探討的是如何巧妙地創造有利戰機，擴大優勢，從而奪取勝利。

第 3 套

第十三計　打草驚蛇①

本計有三種正面含意與運用：一是打草驚出蛇，即投石問路，藉由旁敲側擊來獲知對手意圖；二是打草驚走蛇，即間接驅趕，不戰而屈人之兵，是一種有效而無風險的策略；三是打草驚醒蛇，類同於殺雞儆猴，是種間接警告的方法。反之，則是軍事行動中冒失行事，曝露了真實意圖，引起敵方警覺，從而失去戰爭主動權。

【原文】

疑以叩實②，察而後動。復者③，陰④之媒也⑤。

【注釋】

①打草驚蛇：據唐代段成式《酉陽雜俎》載：王魯任當塗縣（今屬安徽）縣令時，貪污受賄，於是百姓告他的主簿受賄枉法。王魯接過狀子，看了後心中一驚，下意識地在狀子上批了八個字：「汝雖打草，吾已驚蛇。」比喻自己受到警示。後指做事不密，使對手有所戒備。用作攻戰之計，指用明瞭的偵察方法迫使敵人做出反應，探聽敵人虛實，從而據以確定攻戰之計。

②叩實：叩問真情。即實施偵察，明瞭敵情。

③復：反覆，多次。在此指採用多種試探性的偵察手段。

④陰：陰謀，計謀。

⑤媒：媒介。在此代指手段、方法。

【譯文】

對敵情有所懷疑，就要偵察確實，掌握清楚了再實施行動。反覆多次的偵察，是定下最終計謀的有效手段。

【評析】

「打草驚蛇」之計典出唐段成式的《酉陽雜俎》，其釋計之辭也出自此書。然而原典之意與用作計謀之意截然不同，甚至幾乎是相反的。原意是，作事不密，使對方有所警戒。

然而用為作戰計謀，卻是以故意試探的方法，使敵人有所行動，然後打聽其虛實，從而定下計謀。從此處可以看出，「打草驚蛇」之計，不是正式攻戰之計，而是攻戰之時，以小的戰鬥行動或外交手段試探敵人，從而研究戰鬥計畫的智謀。

這一計謀強調「察而後動」，故其戰鬥決心可以建立在知己知彼的基礎上，而且強調「復」，即反覆偵察敵情，使對敵情的瞭解確實全面。這樣，取勝的把握就很大了。

具體而言，打草驚蛇，是強調敵在暗處，如蛇在草中，這是前提。在此前提下，戰鬥中我方還未掌握主動性，無取勝把握。如果直接與敵接觸，恐受其傷，故採取旁敲側擊的方法，試探敵人的反應。只要敵人有反應，就可以看出其動靜，以及兵力多寡、主攻方向等一系列實情。

除此之外，打草驚蛇，也有以下幾層涵義：一、打草驚出蛇。

這是一種間接的偵察方法，也叫投石問路，引蛇出洞。當未來的前景情況不明，可能有危機隱伏或對手威脅時，如果不做準備冒然行動，風險必然很大。這時若是透過打草或投石發出聲響等間接行動進行試探，敵人必定做出反應，結果便自己曝露了自己，這樣我們才好觀彼動靜而後舉焉。火力偵察、先行試點等都屬此類。引蛇出洞的目的可以是藉此瞭解敵手的位置與力量，瞭解敵手的意圖、動向，便於躲避，也可以是把敵手引誘出來，便於消滅。

　　二、打草驚走蛇。這是一種間接驅趕的方法。為了在行動的過程中不致被敵手所襲擊，需要把埋伏在路上的敵手消滅或驅趕走；透過打路邊的草來嚇跑草叢中的蛇，是一種有效而無危險的策略。在不便或不願與敵人直接接觸，並且只需將其趕跑的時候，可使用這種間接驅趕的方法。

　　三、打草驚醒蛇。這是一種間接警告方法。如果甲受到打擊懲處，會使乙感到驚慌的話，那麼我們就採用打擊甲來警告乙的策略。

　　而反面的意涵則是，在軍事行動中冒失行事，曝露了真實意圖，引起敵方警覺，從而失去戰爭主動權。

【實例】

一、秦晉崤之戰

　　據《左傳》載，魯僖公三十二年（西元前628年），春秋五霸之一的晉文公卒。秦穆公企圖稱霸中原，決定先攻打鄭國（在今河南鄭州附近）。他派大將孟明視等三人率師

出征，並親自送至東門外。老臣蹇叔痛哭著送別，以此勸諫秦穆公切勿東征鄭國。秦穆公知晉文公已死，無人可阻其霸業，遂粗暴無禮地回絕了蹇叔的諫阻。

西元前 627 年春，秦師到達滑國（今河南滑縣）。鄭國商人弦高正往西去周王朝的都城做買賣。他遇見秦軍，並知其將攻打鄭國，就一邊獻上厚禮，穩住秦軍，一邊派人回鄭國報信。

鄭穆公知悉敵情緊急，派人到秦國住鄭國的客館打探消息，只見秦國的使節們正在館中厲兵秣馬，準備與進攻的秦軍做內應。於是，鄭穆公派皇武子婉轉地告訴秦國使者杞子等，鄭國已洞悉秦國裡應外合攻擊鄭國的陰謀，促使杞子諸人出奔齊宋二國。

孟明視得知鄭國有備，認為攻鄭已難克城，久圍則難以為繼，於是下令還師。

當孟明視撤軍還秦，路過崤（今河南洛陽北）時，遭到晉軍的伏擊，孟明視等三位大將皆被捕獲。

秦國出攻鄭國，保密不嚴，致使鄭國有備，正是犯了打草驚蛇的錯誤。而鄭國故意驅逐秦國使節，使其驚覺而退，也正是打草驚蛇之計的運用。前者是無意的，後者卻是有意的。

二、李秀成攻克江南大營

1860 年春天，太平天國首都天京（今南京市）受到清軍南大營圍攻。洪秀全急忙調動年輕將領李秀成、陳玉成等

前來解圍。李秀成到達天京後，發現江南大營在天京周圍修築了堅固工事，硬攻難以奏效，便決定採取打草驚蛇之計，誘騙清軍，然後解天京之圍。

這年三月間，李秀成率七千精兵攻打杭州，並以化裝方式偷襲奪城。杭州為清軍錢糧重要來源地，一旦失城，清軍損失慘重，清軍主帥和春非常著急，馬上從江南大營調主力東去增援。

此時，李秀成在杭州城上插了許多旗幟迷惑清軍，自己則親率主力回兵直攻江南大營，天京城內的太平軍也大舉出擊，對清軍形成內外夾攻，清軍六萬人被殲，統帥和春被迫自殺。太平軍甚至乘勝攻下蘇州、常州等地，直逼上海城下，勢力大增。

第十四計　借屍還魂①

此計的運用關鍵在於「借」。自己的力量不足以轉敗為勝，就要借助一切可利用的力量，以壯大自己的力量；爭取一切可利用的機會，以增加取勝的可能；借用一切可用的形式，以實現自己的意圖。另外，也可假借他人的名義，推行自己的戰略計劃。

【原文】

有用者，不可借；不能用者，求借。借不能用者而用之。匪我求童蒙，童蒙求我②。

【注釋】

①借屍還魂：古人的迷信說法，指有的人死後靈魂不散，附在別的屍體上復活。後比喻已沒落的事物或習慣藉著另一種形式出現。用作兵法，是指看上去無用的東西，可努力爭取主動權，發揮其作用，直至轉敗為勝。

②匪我求童蒙，童蒙求我：出自《易》「蒙」卦。意謂不是我去求蒙昧的人，而是蒙昧的人有求於我。用作兵法，意謂不是我受別人支配，而是我支配別人。匪，同「非」。童蒙，幼稚的孩童。

【譯文】

凡是有用的人或事物，難以為我所用；而那些看似不可用的人或事物，往往要借助他人或別的事物。我方借助這些看似無用的人或事物，使其發揮作用，這不是我受別人支配，而是我支配別人，就像幼童求教於我，而非我求教於幼童一樣。

【評析】

「借屍還魂」之計原出古代傳說。據元人岳伯川《鐵拐李》雜劇載，八仙中的鐵拐李本是一位英俊書生，他得道後，有一次靈魂出竅，隨太上老君雲遊仙界。臨行前，交代徒弟，一定要看好他的肉身，七天之內一定回來。到時不歸，即已成仙。不意到第六天，徒弟家中傳來消息，說母親病死，他不得已將師父的肉身焚化，回家看望老母。到第七天，鐵拐李的靈魂返回，卻已無肉身可歸。情急之下，看到附近有一具乞丐的屍體，就將其靈魂附了上去。不料這位乞丐竟是瘸子，所以鐵拐李就成了拄著枴杖的瘸子。

雖然借屍還魂的故事荒誕不經，但其釋文記載明確，乃是化腐朽為神奇，是化劣勢為優勢。

事實上，在軍事戰爭中，掌握戰鬥的主動權是永恆的真理，是第一重要的。有了主動權，即使力量薄弱，處境困難，都可轉敗為勝。

而以「借屍還魂」作為計謀，正是講在軍事戰爭不利的情況下，將看似無用的東西加以利用，從而轉變被動的局面。這

其中的核心，其一是如何判定那些看似無用的東西，在敵人看來也是無用；其二，在什麼條件下將看似無用的東西轉化為有用。

【實例】

一、蘇軍巧取基輔

第二次世界大戰時，蘇德雙方在 1943 年 8 月展開第聶伯河會戰。會戰的核心內容是奪取重鎮基輔。

蘇軍突擊的重點是位在基輔東南方的布克林登陸場，次要攻擊點則為基輔以北的柳捷日登陸場。兩軍的戰鬥一直持續至 10 月中下旬，然而，蘇軍進攻的登陸場均未取得重大進展。

於是，蘇軍決定將主攻方向改在柳捷日登陸場。

如何將主攻力量迅速而隱蔽地轉至基輔以北的柳捷日登陸場呢？蘇軍想出了一條妙計。

他們先是編出了一道「暫停進攻，就地轉入防禦」的假命令，將命令裝入一個參謀軍官常用的公事包內。然後找來一具陣亡士兵的屍體，換上蘇軍大尉軍銜的服裝，標上「絕密」級作戰命令的公事包，放置在戰鬥的前沿陣地。

當德軍進攻發起時，蘇軍象徵性地做了一番抵抗，遂將陣地放棄。德軍進至陣前，發現了公事包內的作戰命令，信以為真，放鬆了警惕。這時，蘇軍藉著陰雨天氣，已將重兵轉移至基輔以北。11 月初，蘇軍在基輔以北突然發動進攻，

德軍猝不及防，徹底失敗，基輔攻陷。

這正是一則典型的借屍還魂的實例。

第十五計　調虎離山

俗語說：「虎落平陽被犬欺」，之所以要「調虎離山」，是因為「山」是猛虎據以興風作浪的地盤；在平地，老虎是無法施展其雄風的，甚至是連狗也敢欺負牠。「調虎離山」之計成功的關鍵在於要善於調動敵人，使強敵離開其賴以強大的有利環境或其充分控制的領域，讓我方在對敵不利的環境或其力量薄弱的領域裡將其制伏。

【原文】

待天以困之①，用人以誘之②，往蹇來返③。

【注釋】

①天：天時。指有利於我的自然條件，比如氣候、險要等。

②人：人為的假象。

③往蹇來返：主動去攻擊敵人有困難，就想辦法引誘其來與我作戰。往，前往。蹇，難於行走，指困難。《易》「蹇」卦：「象曰：『蹇，難也，險在前也。見險而能止，知矣哉！』」來，使動用法，即使敵人來。返，返顧，指引誘敵人反過來與我作戰。

【譯文】

與敵人作戰，如對我方不利，就要儘量利用天時地利使敵

人陷於困境，要用人為的假象誘使敵人中我之計。一般的原則是，向前進攻遭到困難，就要設法使敵人反過來與我作戰。

【評析】

調虎離山，明顯是敵強我弱時採取的計策。敵人力量強大，而且佔據著優勢的地形，就要想辦法把它從優勢的地形中引誘出來，離開那座「山」，到它不熟悉的環境中來。相反，這個環境是為我所熟悉的，而且我方已集中了相對優勢的兵力，以逸待勞，與敵作戰，才有取勝的把握。

採取何種方法「調虎離山」呢？一個是利用天時，一個是人為引誘。所謂利用天時，就是等待有利的氣候、地形等，使敵人前來，陷入困境。所謂人為引誘，則是設置種種假象，使敵人心疑，產生錯誤判斷。

利用這兩種手段，或者使敵人離開原有的優勢地形，或者分化敵人的力量，或者減弱敵人的鬥志，而我方因之形成相對的優勢，從而贏得主動權。

【實例】

一、隆美爾誤失戰機

1944 年 6 月 5 日，盟軍在法國的諾曼地開始登陸歐洲、反攻敵軍的戰役。其進攻主力集中在科坦丁半島北部。由於盟軍事先做了充分準備，德軍一直不認為盟軍主力會在此登陸。

事實上，由於登陸作戰地形不利，有兩個空降師落在海灘濕地區，隨時可能被德軍圍殲。直到 6 月 7 日，德軍預備隊才開始向這個方向開進。此時，德軍獲悉在愛夫南齊斯北面和西面有大批盟軍空降。正在舉棋不定時，又獲悉三百餘架盟軍飛機在聖羅以西地區空降了大批傘兵。

其實，這都是盟軍為了引誘德軍預備隊不向濕地區開進所設的疑兵。敵軍元帥隆美爾被這些疑兵誤導，錯認為這是敵軍在那裡大規模登陸的前奏，遂將預備隊改向那裡開進。

這樣，困在濕地區的兩個盟軍空降師乘機越過危險區域，解除了危機。

二、伍子胥獻計殺吳王

春秋時，吳國曾是霸主之一，勢力強大。吳國的公子光早就想當國王，心懷叵測，只是吳王僚有三個驍勇的兒子時刻守護在身邊，使他難以下手。

大將伍子胥看出公子光的心思，便獻計說：「目前，胥國內亂，如果你向吳王建議，乘機攻取胥國，吳王僚一定同意。如果吳王讓你去攻胥國，你就藉口腳已扭傷，推舉他的兒子掩餘和燭庸帶兵前去。然後，再建議吳王派他的另一個兒子慶忌出使鄭衛二國，說服他們共同攻打楚國。這樣，宮中只剩下吳王僚，就好乘機殺之了。」

吳王僚聽了公子光的建議，果然把三個兒子都派了出去。公子光立即指使勇士專諸刺死了吳王僚，自己做了吳王。吳王僚的三個兒子得知其父被殺，只得亡命他國。

三、孫策巧計戰盧江

　　東漢末年，孫堅之子孫策，年少有為，欲繼承父志，稱霸江東。西元 199 年，孫策想奪取江北的盧江郡。但盧江南有長江，北有灌水，佔據盧江的劉勳勢力強大，孫策很難以硬攻取勝。

　　經與眾將商議，孫策決定採用調虎離山的妙計。

　　孫策給貪財的劉勳送去一份厚禮，隨禮奉上一信。信中把劉勳大大吹捧了一番，說他聲名遠播，令人仰慕，因此欲與之交好。劉勳看了自然高興。信中又建議說，上饒一地的軍閥經常派兵侵擾孫策，故懷恨已久，只是力弱，不能報仇。念在劉將軍兵多將廣，征討上饒不成問題，其亦將感激不盡。

　　劉勳看了孫策的信，歡喜異常，決定攻打上饒，以為既可伏上饒，又可收孫策，真是萬全之計。他不顧部下的反對，親率大軍攻取上饒，致使盧江城中空虛。孫策知劉勳中計，立刻水陸並進，襲取盧江。劉勳得知盧江失守，而上饒又攻取不下，失去根據地，只得投降曹操。

第十六計　欲擒故縱①

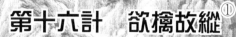

> 　　欲擒故縱，又可寫作「欲擒姑縱」，意思是為了捉住敵人，要先放縱敵人。這是一種放長線釣大魚的計謀。軍事上，「擒」是目的，「縱」是方法。古人有：「窮寇莫追」的說法，實際上，不是不追，而是看怎樣去追。把敵人逼急了，他只會集中全力，拚命反撲。不如暫時放緩步調，使敵人喪失警惕，鬥志鬆懈，然後再伺機而動，殲滅敵人。

【原文】

　　逼則反兵，走則減勢。緊隨勿迫，累其氣力，消其鬥志，散而後擒，兵不血刃。需，有孚，光②。

【注釋】

　　①欲擒故縱：語出《老子本義‧上篇》：「將欲奪之，必固與之。」《鬼谷子‧謀篇》：「去之者縱之，縱之者乘之。」意為本想戰勝敵人，但時機暫時不成熟，因而故意放縱敵人，使其麻痹大意，然後相機取勝。

　　②需，有孚，光：見《易》「需」卦。需，等待。有孚，有信義。光，光明，吉利。全句意謂，要善於等待，要有信心，這樣就會大吉大利。

【譯文】

追擊敵人過緊，就有可能遭到拚死反撲；讓敵人逃走，就可以減弱其聲勢。所以，對於窮寇，要緊緊尾隨他，但是不要過分逼迫他。要藉以消耗其實力，消磨其鬥志，待其神散氣消，加以擒拿，就可以不用流血犧牲而取勝。這正像《易》「需」卦中所說的，耐心等待，堅守信心，自然大吉大利。

【評析】

「欲擒故縱」之計，從其表面意義上看，是敵人已經戰敗，但尚有一定實力時我方應予採用的。就其字面意義而言，所謂故縱，正是為了欲擒，在放的過程中實現擒。

為何要故縱呢？其釋文說「逼則反兵，走則減勢」。就是不要將敵人逼迫太甚，以防困獸猶鬥，不如讓其逃走，藉此減弱其氣勢，最終可獲兵不血刃的戰果。《三國演義》中諸葛亮七擒七縱孟獲，就是成功地運用了故縱之計。

其實，任何計謀都是就某一種情勢而言的，雖然說「窮寇勿追」，「困獸猶鬥」，但如果一不小心，放虎歸山，養虎為患，那就不是我方所願意看到的。

所以，對於失敗之敵，採取什麼方式對待，要看其實際的情勢而決斷，如楚漢相爭時，項羽在鴻門宴上放走劉邦，就是失策，而垓下大戰中，韓信一舉消滅項羽勢力，則為得計。

【實例】

一、溫造巧計斬叛軍

　　唐憲宗時，戎族與羯族進攻中原地區，憲宗調南梁的軍隊入京師長安助陣。不料南梁軍在中途譁變，公開與朝廷作對起來。

　　唐憲宗對南梁軍的叛亂深感不安，不知如何處置。這時，京兆尹溫造胸有成竹地請求去平定叛亂。他來到南梁，只是宣讀了皇帝安撫的詔書，對作亂之事隻字不提。叛軍見溫造是一介書生，就不把他放在眼裡。因此，溫造與叛軍混得很熟，對他不生戒備之心。

　　一天，溫造與其手下的侍從在長廊前拴了兩根長繩，叛軍操練完畢到長廊前吃飯時，就把刀劍拴在長繩上。這時，溫造手下的人迅速將長繩的兩頭拉平，那些拴在繩上的刀劍一下子升起三丈多高。叛軍拿不到武器，被溫造事先佈置好的伏兵乘勢全殲。

二、關羽丟失下邳城

　　漢朝末年，劉備一度佔據徐州，派關羽據守附近的下邳城。曹操對下邳垂涎已久，苦無計策。謀士程昱乃獻調虎離山之計。

　　曹操先是派數十名降卒投奔下邳，關羽以為是敗兵逃回，就收留下來。第二天，夏侯惇領五千人前來城下挑戰，關公大怒，率兩千人出城迎敵。不料夏侯惇並不戀戰，而是

且戰且退，引誘關羽追趕。關羽追了二十餘里後，又擔心下
邳的安危，就率兵撤回。不料路上又遭曹兵埋伏，糾纏不放。
直到天黑，被逼到一座小山上。曹兵便將小山團團圍住，使
其下山不得。

　　這時，關羽只能眼睜睜地看著下邳城變成一片火海，淪
陷曹操手中。

第十七計　抛磚引玉①

　　此計是一種先予後取的策略。所說的「磚」，指的是小利、誘餌；「玉」則是作戰目的，即大的勝利。「引玉」是目的，「抛磚」是為了達到目的的手段。在敵人急功近利，易受誘惑的情況下，為了更有效地迷惑誘騙敵人，防止其猜疑和猶豫，可以反過來主動送給敵人一些小恩小惠，使其先嘗到一定的甜頭而放鬆警惕，我們就可藉此進一步利誘他自己上鉤。這樣我們雖然得先付出一些代價，卻可獲得較大的好處；做出較小的犧牲，卻可贏得較大的勝利。

【原文】

　　類以誘之②，擊蒙也③。

【注釋】

　　①抛磚引玉：典出《傳燈錄》。傳說唐代詩人常建，聽說趙嘏來到蘇州，斷定他一定去靈岩寺，就在寺前寫了兩句詩。趙嘏看到後，續了二句，恰好成一絕句，但趙嘏續的詩比前二句好，人稱常建這種做法是「抛磚引玉」。

　　據考，常建是唐朝開元年間人，趙嘏是唐會昌年間人，相距一百餘年，故所述不實，但這則故事甚為啟發人。將此語用作軍事計謀，是以小利迷惑敵人，使之上當受騙的意思。

②類：類形，分類。在此指用極類似的東西。

③擊蒙：使之蒙蔽上當。《易》「蒙」卦：「上九，擊蒙。（序卦）蒙者，蒙也，物之稚也。」《六十四卦經解・蒙》：「擊，治也。」在此為打擊之意。

【譯文】

用極類似的東西引誘敵人，猶如打擊蒙稚之人一樣容易。

【評析】

「拋磚引玉」之計，其本質上其實是損失小利以換取大利。這種謀略，應是在對敵方無完勝把握的情況下所採用的。其釋詞說「類以誘之」，就是要用相類似的東西或辦法引誘敵人，所謂磚與玉正是相類之物。其區別是，磚的價值遠不能與玉相比，故而以小的損失換取大的利益，這樣，「拋磚引玉」才可成立。

【實例】

一、楚國巧取絞城

西元前700年，楚國侵伐絞國（今湖北鄖縣西北），絞國勢小力薄，退而堅守都城。絞城地勢險要，易守難攻，楚國難以攻取，無可奈何。

這時，一個叫屈瑕的大夫向楚王獻了一條利而誘之的計

策。他認為，絞城雖然堅固，但堅守時間已長，城中必然缺少糧草，派一些士兵裝成樵夫，而且不用軍隊保護，絞軍見了，一定來劫掠。

楚王擔心絞人不上當，屈瑕卻說：「大王放心，絞國小而輕躁，輕躁則少謀略。」於是楚王採納了他的建議。

絞侯打聽到有樵夫進山而無軍隊保護的情報，果然欣喜。馬上部署小股部隊，等樵夫出山之際，前去劫掠。那些樵夫本是楚軍裝扮而成的，見絞軍前來，放下柴草即逃得無影無蹤。

之後絞軍一連得手了好幾次，便放心大膽起來，出城劫掠者越來越多。

到第六天，絞軍照樣出城劫掠，樵夫們見狀就跑，一直把絞軍引入楚軍的伏擊地帶。絞軍頓時慌亂，束手就擒，絞侯見大勢已去，只得投降。

二、魏王讓城得五城

戰國時期，秦國欲向東擴展，首先得進攻魏國。於是施以遠交近攻之計，聯手趙國，合擊魏國。雙方約定，打敗魏國後，將魏國的鄴城（今河南安陽市）讓給趙國。

魏國兩面受敵，令魏王很是恐慌。他召集群臣商議如何應對。有一個叫芒卯的臣子獻計說：「大王不必憂慮，秦趙之間向來不和，現在合攻我國，為的是土地、城池的利益。秦國將鄴城許給趙國，我們也將該城許給趙國，然後如此如此……」

　　魏王聽了此計，點頭稱是。

　　於是，魏王派張倚出使趙國，對趙王說：「大王與秦國聯合攻打魏國，無非是為了得到鄴城，我們魏王出於憐愛百姓之心，決定將鄴城獻給大王，免得生靈塗炭。請大王接受。」

　　趙王聽說魏國願將鄴城獻出，以為魏王真的嚇壞了，覺得自己兵不血刃，即可得其城池，很是興奮。不過，他還是不放心，問張倚：「若寡人接受了鄴城，魏王有什麼條件呢？」

　　張倚說：「魏趙兩國的關係一直都很友好，而秦是為虎狼之國，魏亡而趙危，請大王權衡利弊，與魏聯合，與秦斷絕聯盟關係，就可得到鄴城。否則，魏國將不惜與鄴城共存亡。」

　　魏國君臣當下計議，認為張倚講的合理，宣布與秦斷絕聯盟，關閉與秦的邊境通道。然後，派一支部隊接收鄴城。當趙軍到達鄴城之下時，只見守城者正是芒卯，他對趙軍的將領說：「我奉命守城，怎能不動干戈就獻城呢？是張倚說獻城於趙國，你們找張倚要吧！」趙將本來是取城的，無攻城之備，只好返回。

　　趙王知道上當，但與秦國已經絕交，沒有退路。又聽說秦王懷恨準備聯合魏王攻打趙國，心裡更是不安。於是，甘願將五座城池獻給魏國，共同抗秦。魏國鄴城未失，卻順手得了五城，可稱是完美地運用了「拋磚引玉」之計。

三、中途島大敗日本海軍

第二次世界大戰時，日軍偷襲珍珠港，大獲成功，但美軍的航母卻躲過一劫，這讓日軍耿耿於懷。海軍將領山本五十六決定攻打美軍在太平洋中的戰略要地中途島，引誘美國航母出戰，以圖一舉殲滅之。

當時，美軍太平洋艦隊只有航母 3 艘，獲悉日軍於 1944 年 5 月由山本五十六率領 8 艘航母組成的艦隊向中途島海區進發，卻是一籌莫展。

這時，美國截獲的日軍情報中，多次出現「ＡＦ」兩個字母作為作戰地點的代號，但不知道這個地點是何處。這使美軍十分苦惱，不知道日軍前來，主攻目標何在，應如何部署防禦。但他們分析目前戰局與數據，經過仔細的推敲後，猜測「ＡＦ」可能就是中途島。

為了解開「ＡＦ」之謎，美軍情報官設計了一份假情報，授意中途島駐軍拍發了一份容易讓日軍破譯的電報，其中說「此處淡水設備發生了事故」。48 小時後，美軍截獲了日軍情報，其中說「ＡＦ很可能缺少淡水」。這讓美軍證實了，「ＡＦ」就是中途島。

據此，美國海軍將領尼米茲逐步摸清了山本五十六的用兵意圖，於是一方面加強中途島的防禦力量，另一方面將珍珠島殘餘下的戰艦分作兩隊，佈置在日軍行進海區的兩翼，用以側擊日本海軍。

6 月 3 日，日軍抵達中途島地區，次日清晨，即向該島發起空襲。不料美軍已有充分準備，做了有力反擊。同時，

美軍一百餘架戰機一起撲向日軍航母，致使日軍4艘航母先後沉沒，從而宣告日軍此次進攻美國行動的慘敗。

第十八計　擒賊擒王①

此計用於軍事，是指打垮敵軍主力，擒拿敵軍的首領，使敵軍徹底瓦解的謀略。在戰術應用上，攻擊重心應對準敵方首領或其指揮部，只要擊倒主將掌控全局，必定勝券在握。

【原文】

摧其堅，奪其魁，以解其體。龍戰於野，其道窮也②。

【注釋】

①擒賊擒王：出自唐代杜甫詩〈前出塞〉：「挽弓當挽強，用箭當用長。射人先射馬，擒賊先擒王。」

②龍戰於野，其道窮也：見《易》「坤」卦上六之象辭。意謂強龍到大地上爭鬥，而非在大海中逞兇，一定會陷入困境。

【譯文】

與強敵作戰，一定要設法擊垮其主力，奪取其魁首，從而瓦解其軀體。一旦主力喪失或魁首被擒，就像蛟龍離開大海在曠野中爭鬥，已經陷入困境。

【評析】

「擒賊擒王」之計據稱出自杜甫詩〈前出塞〉，但從其語氣看來，杜甫之詩，也應取自俗語。事實上，在杜甫之前，中華大地上已經有至少三千年的戰爭史，敵我爭鬥，先擒其首，是一個起碼的道理。所以，此計的典出應更早許多才對。

此計的本意很簡單，就是要在戰爭中集中力量打擊其要害，敵人要害被擊中，就能夠奪取全部勝利。

事實上，在古代的戰爭中，敵我雙方是對陣而戰的，一般一眼就能看出對方主帥的位置。假如哪一方為了避免主帥被殲，而把主帥隱藏起來，則基本是自取失敗之道。

在楚漢相爭中，劉邦被敵箭射中，急中生智，假作被射中的只是腳背，正是為了穩定軍心；如果劉邦當場墜地，漢軍定會大亂的。可見，劉邦深諳自己位置的重要性。

唐肅宗時，張巡和尹子奇作戰，所向披靡，但卻也一時不易打垮敵軍。這時，張巡想射死尹子奇，達成全勝，但苦於不認識他。於是，張巡叫士兵削尖蒿稈當箭射，敵方中了箭的反而高興，以為張巡已無箭矢，便把這個消息報告尹子奇。尹子奇壯膽前出，被張巡認出。部將南霽雲一箭射出，正中尹子奇左眼，促使其急忙收兵敗退。

可見，擒賊擒王是敵我相爭之中直接解決爭鬥而取勝的方法。這一戰法，一般而言，是我方有絕對把握時所用，萬一不成，使敵帥警惕起來，反而不易達到目的。

【實例】

一、曹操挾天子以令諸侯

　　東漢末年，由於黃巾軍起義，導致群雄蜂起，漢室衰微。軍閥董卓勢力最大，便把持了漢天子，殺剐扶立任其所為。不久，董卓在內亂中被誅。漢獻帝年幼，遂在董卓部下的廝殺中被爭來奪去。最後，李傕、郭汜兩個軍閥戰得累了，乾脆應鎮東將軍張濟之邀，放皇帝東出潼關。

　　漢獻帝向東駐蹕在故都洛陽，那裡已被董卓一把大火燒掉，十分淒涼。這時，曹操正在許昌一帶發展勢力。有人建議，皇帝左右無重大勢力保護，如果我們去勤王，可利用皇帝的威信號令天下。曹操聽了覺得有理，便親自去洛陽晉見皇帝。

　　到洛陽一看，已是瓦礫遍地，不可作國都，而且皇帝周圍的親信仍然互相傾軋，明爭暗鬥，令曹操十分不快。他想來想去，不如乾脆將皇帝迎至許昌，到那時，便諸事不由皇帝做主了。

　　於是，曹操做主，將皇帝帶回許昌，很多人心裡反對，也是敢怒不敢言。況且，曹操在許昌大建宮室，皇帝終於可以結束顛沛流離的日子，也算心安。這時，曹操首先借皇帝之手，下了一道詔令，責備袁紹擁兵自重，想藉此不戰而削弱其勢力。袁紹果然上書申辯，稱願為皇帝效忠。曹操原本是袁紹的部下，現在挾了天子，可號令袁紹這樣強大的地方諸侯，自然非常得意，便用皇帝這張牌不斷號令天下。從此，

「挾天子以令諸侯」便成為一句有名的俗語。

「挾天子以令諸侯」，這與「擒賊擒王」之計看來有所區別，但如常人所言曹操名為漢臣，實為漢賊，他表面上維護了漢朝的暫時統一，似乎將漢皇保護了起來，但實質上是藉漢朝皇帝發展自己的勢力。到他的兒子曹丕掌權時，便不顧君臣身分，一舉取而代之，自己做了皇帝。

從這個意義上說，曹家父子挾天子以令諸侯，是擒了漢朝天下的王，最終奪了漢的天下。因而是「擒賊擒王」之計最成功的運用。

二、劉秀昆陽斬王尋

新莽地皇四年（西元 23 年）二月，中原各路起義軍會師，共舉漢室後裔劉玄為帝，恢復漢制，號為更始，義軍主力在王鳳、王常、劉秀率領下先後攻下昆陽（今河南葉縣）、定陵（今河南舞陽北）、郾縣（今河南郾城）等地，對宛城（今河南南陽市）形成包圍之勢。同時，劉秀率軍數千北抵陽光（今河南禹縣西北），對洛陽形成威脅之勢。

王莽聞報，十分驚慌，急令大司徒王尋、大司空王邑召兵 42 萬，封為虎牙五威兵，向東進攻起義軍。

五月，新莽大軍抵潁川（今河南禹縣），劉秀被迫撤軍昆陽。隨即被圍於城中，糧草短缺，形勢危急。王鳳、王常、劉秀等決定一面加強防守，一面派人赴定陵、郾縣等處調集漢軍來援。

但是，派誰去搬救兵呢？王鳳、王常等都不敢冒險，劉

秀遂自告奮勇，自率 12 人，在夜色之中直奔定陵、郾縣。

　　六月，劉秀率步騎 1 萬回救昆陽，雖然斬殺敵軍甚多，但無奈王尋之兵太多，並不能解昆陽之圍。劉秀情急之下，親自率 3000 名勇士直衝王尋中營，敵萬餘人抵擋，竟被衝得陣腳大亂，王尋也被殺死，王邑乘亂逃之夭夭。昆陽城中漢軍見新莽軍群龍無首，出城夾擊，致使 40 萬新莽軍頓時土崩瓦解。

　　昆陽一戰，新莽主力被殲，宛城守軍隨即投降。漢軍乘勝在這年秋天攻入洛陽、長安，王莽被殺，新莽政權徹底垮台。

三十六計新解

混戰計

第 4 套

所謂「混戰計」，就是在敵我雙方處於膠著狀態，情況不明，各種因素錯綜複雜的情況下，充分利用敵人混亂，亂中取勝；也可以製造敵人內亂，創造取勝的戰機。

第十九計　釜底抽薪①

運用釜底抽薪之計的成功關鍵是：一、先治其本。事物都有「標」和「本」兩方面，所謂的「標」就是事物的枝節或表面，「本」就是事物的根本、根源。要解決問題不能治標不治本，而應先治本而後治標。二、去其所恃。想辦法消滅其賴以生存的條件，使其從根本上瓦解。當我們破壞敵人賴以存在的必要條件，也能達到削弱或戰勝敵人的目的。

【原文】

不敵其力，而消其勢，兌下乾上之象②。

【注釋】

①釜底抽薪：指阻止鍋內水沸的最好辦法，不是以勺取水，而是將鍋底的柴抽走，徹底消滅使水沸騰的原因。

②兌下乾上之象：指《易》中的「履」卦，乾為天，兌為澤，天為剛，澤為柔，柔下剛上，形成以柔克剛之勢。

【譯文】

敵我對抗，不要直接與其主力決戰，而是尋找其弱點，從根本上削弱其勢力，正符合兌下乾上的卦象，就是用以柔

克剛的辦法戰勝敵人。

【評析】

「釜底抽薪」之計，從其本義看來，就是欲使鍋中之水不要沸騰，必須徹底將鍋底的柴抽掉；用在戰爭當中，就是指欲使敵人失敗，不是直接與敵決戰，而是將敵人得以獲勝的根本條件徹底消滅。這個條件是什麼呢？很複雜，有時候可能是主帥，有時候可能是士氣，有時候可能是裝備糧草，有時候可能是援軍，有時候可能是重要地形。

「釜底抽薪」的精髓是不敵其力而消其勢，即不首先與敵人做正面交鋒。一般而言，角力是不得已的戰法，《孫子兵法》強調完勝，即「不戰而屈人之兵」，正是反對與敵方直接角力。不直接角力而又想完勝，則講究「消其勢」。所謂消其勢，只是取勝的手段，而不敵其力是原則。

【實例】

一、日軍兵敗太平洋

1943 年 2 月，日軍為了加強南太平洋防線，派出一支龐大的運輸隊進行支援。這支運輸隊由 8 艘運輸艦組成，載有大量物資，還有 7000 名士兵。

日軍出動的消息被美軍獲悉，美西南太平洋地區盟軍總司令麥克阿瑟分析了情報，決定釜底抽薪，打掉日軍的運輸艦隊，切斷日軍的運輸線。

他下令將盟軍的飛機集結在巴布韋和澳大利亞東北部待命，一舉炸毀了日軍4艘運輸艦，又先後派出400多架飛機，對日軍運輸艦給以毀滅性的打擊。在南太平洋新幾內亞一帶駐紮的日軍斷絕了後援，成為孤軍，不得不放棄漢城（即今首爾）和薩拉莫阿等戰略要地。這樣，美軍未與敵人主力正面接觸，就取得了太平洋島上的巨大勝利。

二、勾踐還糧弱吳

春秋時，越吳二國相戰，越王首先失敗，被吳國囚禁多年。他被釋回國後，臥薪嚐膽，逐漸使國力強大起來。但是，為了麻痺吳國，他謊稱遭災，向吳國借了1萬石糧食。

第二年，該歸還吳國糧食了，勾踐極不情願，但不予歸還，很有可能再度引來吳國侵略。大臣文種就獻計說：「糧食還是要還，但可以精選出一部分，蒸熟了還給吳國，來年收成，吳國的糧食就會減產。」

勾踐聽了覺得有理，就採納了文種的意見，還糧以後，吳國人見米糧粒粒飽滿，就拿來作為種子使用，第二年，凡使用了這些種子的地方，都是欠收。因此，吳國國力被大大削弱。

三、曹操火燒烏巢糧倉

西元200年7月，曹操在擊退袁紹後，敵強我弱的局勢並未改變，於是，堅守在官渡（今河南中牟附近），以保許

都。袁紹見曹操不肯出戰，就派人到陣前挑戰，但曹營將士就是不予理睬。

雙方堅持數月後，曹營中糧草出現短缺，曹操頗為擔憂，乃寫信與留守許都的謀士荀彧商量，是否退守許都。

荀彧看了曹操來信，十分緊張，他分析一旦曹軍退守，袁紹軍就會猛撲上來，取勝袁紹就更難了；但如果再堅持一下，戰局一定會起變化，一定會有取勝機會。所以回信給曹操說，當前是戰勝袁紹的關鍵時期，堅持下去，戰局就一定會有變化，千萬不要退兵，失去良機。

曹操認為荀彧的見解正確，決心同袁紹對峙下去。

這時袁紹部下有一位叫許攸的謀士，因意見不合，投奔曹操。他向曹操獻計說，袁紹屯糧之地在烏巢，守將淳于瓊驕傲自大，飲酒無度，防備不嚴。如果以輕騎突襲烏巢，燒毀糧囤，袁紹便不攻自破了。

曹操聽了許攸之計大喜過望，當晚就親自率樂進、張遼及 500 輕騎兵打著袁軍的旗幟向烏巢進發。為了保密，戰馬的嘴都用布包紮起來，大家悄聲急進。

在第一聲雞叫時，曹操已率軍抵達烏巢，淳于瓊與將士們還在夢鄉裡熟睡，並不戒備。於是曹軍把糧囤四面圍攏起來，將硫磺、硝煙等物一齊拋向糧囤，引火點燃。淳于瓊見大火沖天，卻摸不著頭腦，混亂當中，也被殺死。

袁紹見曹操燒了烏巢，軍心大亂，乃全線撤退。曹操率軍乘勝追擊，打得袁紹只帶著 800 親兵逃回河北。

官渡一戰，曹操以 3 萬兵對袁紹 10 萬大軍，正是採用

了「釜底抽薪」之計，徹底打擊了袁軍士氣，以致將其主力全殲。袁紹因此一蹶不振，不久即病亡。

第二十計　混水摸魚

　　在複雜的戰爭中，弱小的一方經常會搖擺不定，這時就會有可乘之機。但這個可乘之機不能完全只靠等待，有時還應由己方主動去製造。先主動去把水攪渾，一旦情況開始變得複雜起來，就可以見機行事了。因此，設謀亂敵的最佳辦法莫過於主動潛入敵人的營壘之內，人為的將局勢變得複雜，就可從亂中取利。

【原文】

　　乘其陰亂，利其弱而無主。隨，以向晦入宴息[1]。

【注釋】

　　①隨，以向晦入宴息：出自《六十四卦經解·隨》：「隨，有隨時、隨人二義……日出視事，其將晦冥，退入宴寢而休息也。」其象辭曰：「澤中有雷，隨。君子以向晦入宴息。」

　　意思為，人要隨天時而作息，到晚上就應休息。用作軍事計謀，指抓住敵人可乘之機，亂中取勝。

【譯文】

　　敵人內部混亂之時，要乘機進攻；當敵人內部柔弱之時，

要及時利用。這就像天晚了該休息一樣自然，正是「隨」卦的核心意義。

【評析】

「混水摸魚」，原指魚在濁水中已然懵懂，就正好乘機摸魚，從而取得意外收穫。這一點基本道理，本是從日常生活經驗中歸納出來的。古人將其用在軍事智謀方面，則有幾層重要的涵義。

其一，摸魚時，可能是水正處於混濁之時；打擊敵人，可能是敵人內部正好處於混亂之時。這個機會是敵人賜與的，但我方要看得見，並抓得住。

其二，看到有魚可摸，而不可強取，看到敵人有可乘之處，但尚不可強取；於是，主動製造機會使敵人內部混亂，從而藉機取勝。

其三，敵人本身可能已經弱而亂，我方乘機促其更加混亂，從而奪取勝利。

其四，摸魚的機遇應是極短的，戰勝敵人之機也是極短的，無論哪種機會，都必須準確判斷，及時出擊，打到要點，方能取勝。

由此可見，混水摸魚，乘機取勝於敵，雖然有一定的有利的客觀條件在內，但主要還取決於我方主動致勝的思維和手段。戰勝敵人的戰果的大小，主要看主觀方面的能動因素。

【實例】

一、張守珪計平可突汗

　　唐開元年間，契丹叛亂，多次侵犯內地。朝廷派張守珪為幽州節度使，防禦契丹。契丹大將可突汗數次攻打幽州城，都未得逞。於是，派使者到幽州城內，假意表示願歸順朝廷。張守珪將計就計，接待來使並派王悔到可突汗營中宣撫，乘機探聽契丹營中虛實。王悔透過與契丹將帥接觸，發現他們對朝廷態度並不一致，尤其是分掌兵權的李過折與可突汗互不服氣。

　　於是，王悔特意拜訪李過折，故意當面大大誇獎可突汗的才幹。李過折聽罷，說突可汗反唐，不僅不能取勝，反使契丹陷於內亂。他見不能取勝，就假意歸順，同時向突厥借兵，近期即將攻打幽州。王悔乘機勸說，唐軍勢力強大，契丹必敗，如果李過折歸順朝廷，必定重用他。李過折聽了，當即表示願意歸順。

　　次日，李過折即率領本部軍馬突襲中軍大帳，將可突汗斬於營中，雙方展開廝殺，混亂中，李過折亦被斬。這時，張守珪乘勢猛攻，一舉平息契丹叛亂。

二、羅金將軍搶佔頓河橋

　　第二次世界大戰的史達林格勒保衛戰中，德軍向頓河方向撤退。蘇軍為搶佔時機，必須提前連夜搶佔頓河大橋，阻敵於頓河。接受這一任務的為羅金將軍率領的第 26 坦克軍，

當接近敵人防禦陣地時，羅金將軍經過認真考慮，認為敵人戰場後方十分混亂，正合於混水摸魚。

於是命令部隊在 1942 年 11 月 22 日凌晨 3 時，打開車燈，在公路上浩浩蕩蕩通過敵軍防禦區。當行進到距大橋五公里時，前方出現了敵人一個哨卡，德軍哨兵示意坦克停車檢查。

行進在最前面的蘇哈格夫團長從容地打開車蓋，揮動一下德式鋼盔，用德語高喊道：「前進！前進！」德軍見狀，誤以為是自己的部隊，放行通過。到拂曉時分，羅金將軍的坦克部隊順利搶佔了頓河大橋，切斷了德軍退路，為合圍殲敵立了頭功。

三、田單智勝齊

西元前 284 年，燕昭王命樂毅為上將軍，率領燕、秦、趙、魏、韓等國部隊，聯合攻打齊國。

聯軍一口氣攻下齊國 70 餘座城池，齊國都城淪陷，只剩下 2 座小城，勝利在即。這時，盟主燕昭王病亡，其子即位，即後人所稱的燕惠王。他不信任樂毅，生怕其尾大不掉，功高蓋主。堅守齊國城池的田單是一個智謀之士，他知道樂毅不被信任，便派人去燕國，散布樂毅權大功高，已有二心。多疑的燕惠王聽到這些消息，隨即將樂毅撤換，因此，燕國軍隊人心渙散起來。

田單知道這些情況，進一步製造齊軍有神師相助的假象，促使燕國軍隊更加軍心浮動，警惕放鬆。

　　這時，田單密謀反攻。他找來 1000 多頭牛，穿上五彩龍紋的綢衣，牛角綁上尖刀，牛尾縛好浸透油的葦草，在城角下挖了幾十個大洞。一天夜晚，突然將牛尾的葦草點著火，牛負痛之中破洞而出，一齊衝向敵營，隨後乘機殺出 5000 餘名齊國勇士。燕軍見到齊軍的火牛陣，以為神兵天降，驚恐萬狀，潰不成軍，新統帥騎劫也被斬。齊國人一舉收復全部失地。

第二十一計　金蟬脫殼①

　　金蟬脫殼是一種積極主動的撤退和轉移，這種撤退和轉移往往是在十分危急的情況下進行的，稍有不慎，就會帶來滅頂之災，因此，此計的運用相當需要冷靜地觀察和分析形勢，然後堅決果斷地採取行動。成功運用此計的關鍵是：時機。一方面，「脫殼」不能過早；只要存在勝利的可能，就應繼續下去。另一方面，「脫殼」也不能過遲；在敗局已定的情況下，就應果斷撤退和轉移。

【原文】

　　存其形，完其勢；友不疑，敵不動。巽而止，蠱②。

【注釋】

　　①金蟬脫殼：指深秋來臨，寒蟬在蛻變時，本體脫離軀殼而去，只留下蟬蛻。用作軍事計謀，指透過偽裝實現轉移。

　　②巽而止，蠱：出自《易》「蠱」卦。蠱的卦象為艮上巽下，艮為山，象徵剛；巽為風，象徵柔。剛上柔下，指諸事順利，宏大通泰。蠱，本指毒害。「巽而止，蠱」，指以陰柔之風克害。在此指我方轉移，如風之柔，從而順利脫離險境，故為順事。

【譯文】

我方軍事不利，欲想撤退，需在外表上不動聲色，方可保全實力。這樣，友軍不疑，敵方不動，就像柔風飄移，在不經意間防止敵人的侵害。

【評析】

「金蟬脫殼」之計，是我方處於困境時，在不能過於彰顯欲扭轉劣勢意圖之下，而採取的行動。這一計謀借喻了秋蟬脫殼遁形的方法，意謂在擺脫困境時，要不動聲色，以假象迷惑敵人，掩蓋自己的真實行動，從而實現保全自己的主要勢力。

由此可見，實施金蟬脫殼之計，其前提一般是敵強我弱，壓力巨大；其手法是不動聲色，以假象欺騙敵方，甚至友軍；其目的是保存實力。

至於以假象迷惑敵人，其手法是多種多樣的，這要根據實際情況而設定。宋代時，畢再遇與金兵對壘，知道難以取勝，決定撤退出陣地。為不引起敵人注意，宋軍走時，陣地上仍插著旗幟，並將羊倒懸起來，使其前蹄處在鼓前，羊急蹄動，就不斷擊鼓，使金兵誤以為宋軍仍在陣地上駐紮，以致數日不敢上前進攻。直到發現實情，宋軍早已遠走高飛。

【實例】

一、孫堅脫巾避董卓

漢末，董卓把持朝政，胡作非為，以致引起天下大亂。

各州郡守的長官們也不甘示弱，以討伐董卓名義向洛陽進發，孫權之父孫堅也在起事的隊伍之中。

一天，董卓以數萬兵馬突襲孫堅，其先鋒騎兵已逼近中軍帳前。孫堅正在飲酒談笑，見狀並不慌亂，而是約束部隊勿輕舉妄動，嚴整陣容。只見敵人後面的騎兵漸漸多起來了，孫堅才緩緩離座。董卓的士兵見孫堅威嚴，士兵整齊，以為有詐，就退兵了。

之後，孫堅移住梁郡之東，又遭到董軍進攻。孫堅在混戰之中，頭戴紅巾，目標明顯，老是擺不脫敵人的圍攻。情急之下，他將紅巾脫下，讓愛將祖茂戴上，自己率親兵方才突圍而去。董卓兵只知追戴紅巾者，祖茂走投無路，於是下馬，將紅巾捆在荒野中墓旁的柱子上，自己躲進草叢。追兵追至跟前，只見紅巾，將柱子團團圍住，走近一看，方知上當，只好退去。

二、日軍金蟬脫孤島

1942 年 6 月，日軍在中途島戰役失敗後，駐守在南太平洋低達爾卡納島的日軍企圖負島頑抗，並作為以後反攻的基地。

美軍發現日軍在孤島修建機場、加固工事的行動後，立即在 8 月 7 日登陸該島，佔領了機場、倉庫、通信站等咽喉地帶。經過一段時間相持，日軍明顯處於劣勢，而且供給困難，只能以草根、樹皮充饑，面臨全軍覆沒的危險。

於是，日軍大本營決定撤出孤島上被圍的 1 萬餘名官

兵，派少柳少將率領 19 艘驅逐艦祕密駛向孤島。

　　但是，困守孤島的日軍如何撤出重圍、登上艦艇是一個難題。這時，潛藏在所羅門群島的日軍密碼破譯隊，把電台的音質、信號、音量調得與美軍警戒機的信號完全一致，企圖用以假亂真的手段虛擬一份假電報，誘使美軍上當，來製造撤軍機會。

　　1943 年 2 月 7 日凌晨，美軍基地電台不斷呼叫其前線警戒一號機，一號機沒有及時應答。這時，日軍迅速破譯了美軍密碼，與美軍基地電台做了溝通，並及時把擬好的假電報拍了出去。電文是：「發現日軍機動部隊，航母一、戰艦二、驅逐艦十，方向東南，午前 4 時。」美軍基地電台果然中計。

　　其最高司令部急令圍困孤島的美軍艦隊及艦空兵去消滅這支本屬子虛烏有的日軍艦隊。乘此機會，少柳少將率其19 艘驅逐艦毫無困難地靠近孤島，將 1 萬多名精疲力盡的日軍悄然撤出了包圍。

第二十二計　關門捉賊

　　此計若想成功特別需注意三點：一、所選擇的「關門」地點既要有利於全殲敵人，又要有利於我方集中優勢兵力。二、關弱不關強。關門所捉之「賊」一般是弱敵。如果將強賊圍在「屋」裡，反倒會使自己蒙受巨大損失。抓準時機。無論是「關門」還是「捉賊」都有個時機問題。「蓋早發敵逸，猶遲發失時。」要把時機把握準確，這將是此計取勝的最關鍵因素。

【原文】

　　小敵困之①。剝，不利有攸往②。

【注釋】

　　①小敵困之：對弱小的敵人，應加以圍困。

　　②剝，不利有攸往：語出《易》「剝」卦。剝卦為坤下艮上，指山在大地之上，有大地吞沒山嶽之勢，故名剝，其卦辭曰「剝，不利有攸往」，指不利於急著去攻擊敵人。

【譯文】

　　對於弱小的敵人，要以圍困的方法消滅之。這猶如剝

卦，不利於急著前往攻敵。

【評析】

「關門捉賊」，原指賊入我室，在外予以圍困，使之束手就擒。借用作計謀，其義有三：

其一，敵人處於弱小地位。
其二，以強勢予以圍困之。
其三，圍而不攻，其勢自破。

核心意思為：當敵人弱小時，要施以強大的壓力，使其就範，從而奪取全勝。切不可以強攻，迫使敵人做出困獸之鬥，反而不利於取勝。這反映了古人一貫的不戰而屈人之兵的戰略思維。

關門捉賊，其前提是敵人弱小，且無外援，在被圍困後，心生絕望，然後可使束手就擒；如久圍而不決，敵人反有喘息之機，久則生變，反不如速戰速決。所以，任何計謀，都是有前提的，本計的前提就是敵人弱小而孤立無援，這時，可以放心地「關門」，輕易地「捉賊」。

至於如何關門，也有講究：
一是關門就要關牢，使敵產生絕望之心，方可投降。
二是抓準時機捉賊。急不得，緩不得。
三是捉賊要謹慎，切不可被敵所傷，既然要取弱敵，就要取得完勝。

【實例】

一、曹操下邳困呂布

　　曹操在攻下徐州後，呂布被迫逃往下邳。曹操馬上率軍將下邳團團圍困，急欲進攻，一舉捉拿呂布。謀士程昱諫阻說：「呂布被困，心灰意冷；但如果攻得太急，必然拚死突圍，一旦突圍逃至袁術處，反而不好擒拿。不如先切斷其與外界聯繫，將他圍在下邳，再行捉拿不晚。」曹操聽罷，覺得甚善，依計而行。

　　呂布被困孤城，銳氣頓減，謀士陳宮獻計，諸如「以逸待勞」、「犄角之勢」、「以攻為守」等，呂布都信心不足，不肯聽從。

　　一天，謀士田楷、許汜對呂布說：「將軍整天在家喝酒，不是坐以待斃嗎？為何不去淮南求袁術解圍？」呂布說：「去也無意。」田楷說：「袁術與我們結怨，都是因為不答應其婚約所致，如我們答應繼續履行婚約，他有可能出兵相救。到時，雙方裡應外合，下邳之圍定可解除。」呂布無奈，遂派二人為使，讓張遼、郝萌二人護送，往見袁術。結果，雖然路上郝萌被捉，田楷等卻得以與袁術聯繫，答應只要踐行婚約，就派兵相救。

　　呂布知道此番送女赴婚約十分難行，決計親自前往。他將女兒縛在身上，欲親自送往袁術處。但因曹操佈防嚴密，呂布只好退回下邳。從此，日日在家飲酒解悶。

　　此時，曹操見下邳城中糧多，久困無效，欲撤兵而去，

郭嘉阻止說：「呂布被擒在即，如撤圍，等於前功盡棄。」
於是獻計，以泗水淹灌下邳，加速呂布滅亡。

　　果然，當曹操派兵掘開泗水堤壩，水淹下邳後，城中軍
民便無心守城，呂布的赤兔馬、方天畫戟接連被盜，送往曹
營。隨後，呂布也被部下縛住，獻給了曹操。曹操藉由關門
捉賊之計，取得全勝。

二、朱可夫圍殲德軍

　　1943 年，盤踞在科爾松地區的德軍的幾個師處在突出
孤立的位置，蘇軍最高統帥史達林發布命令，一舉圍殲該地
區德軍。

　　執行這次任務的是朱可夫元帥，他仔細分析了敵情，認
為德軍雖然三面被圍，但西面仍與 10 萬駐烏克蘭的德軍主
力相連接，要消滅這股德軍，必須採取「關門打狗」的方式，
從西部插入一支部隊，將這幾個師的敵軍與駐烏克蘭的德軍
有效分隔開來。

　　然而，蘇軍急於關閉的這道大門有 130 多公里，敵軍在
那裡修築了堅固的防禦工事，而且，兩支德軍前後連接，要
將其分隔並不容易。

　　為此，朱可夫先在 1944 年 1 月 24 日發動佯攻，德軍誤
以為蘇軍主力進攻，急忙將科爾松地區主力調去助守。藉此
良機，朱可夫元帥立即令蘇軍快速突擊部隊趕往茲維尼戈馬
德卡，經過激戰，完成了切割敵軍聯繫的任務。

　　德軍見大門被關，10 多萬大軍被圍，緊急調來 10 幾個

師的兵力解圍，被圍敵軍也急於衝開大門。朱可夫元帥又急令第二坦克集團等實施反突圍，經過一週激戰，德軍被牢牢關在被圍地區。2月17日，蘇軍發起總攻，將被圍敵軍迅速殲滅。

第二十三計　遠交近攻①

　　此計屬於製造和利用矛盾，分化瓦解敵方聯盟，實行各個擊破的謀略。其特點有三：一、易者優先下手；二、將複數對手分化瓦解、各個擊破；三、對複數敵手進行區別對待。實行遠交近攻的策略有助於集中力量對付眼前的敵人，並且將其置於孤立無援的處境。在此計中，遠交並非要長久和好。遠敵亦是敵人，遠交只是避免為了樹敵過多而採取的一種暫時性的外交手段。近敵一旦被征服，遠交的使命便告完成。

【原文】

　　形禁勢格②，利從近取，害以遠隔③。上火下澤④。

【注釋】

　　①遠交近攻：語出《戰國策・秦策》，范睢曰：「王不如遠交而近攻，得寸，則王之寸；得尺，亦王之尺也。」指秦國先打擊鄰國而結交遠距離的國家的逐步奪取天下的戰略。

　　②形禁勢格：指受到地形的阻礙和限制。禁，禁止。格，阻礙。

　　③害以遠隔：受害是因為攻取遠離本國的別國。

④上火下澤：此為《易》「睽」卦的卦象解釋。睽的上卦為離，下卦為兌，上火下澤，為水火相克，互相違背。在此指用遠交近攻之法使遠國與近國互相違離，為我製造各個擊破的機會。

【譯文】

由於受地形遠近的影響，一般而言，對鄰近之敵應先施以攻擊，則有利；對遠隔之敵先攻擊，則有害。此如睽卦之象一樣。上火下澤、互相克制，使敵人互相分離，則可從中取利。

【評析】

「遠交近攻」是春秋末期秦國謀士范雎向秦昭王所獻的著名的軍事謀略。秦昭王採取了這一謀略，從而以層層推進的方式逐漸滅掉山東戰國六雄，順利統一中國，結束了春秋戰國數百年的割據局面。

「遠交近攻」之計的根本所在，是變不利為有利，即透過外交將遠隔千里的齊國等國家，由必然的敵人轉變為暫時的朋友，至少，當秦國進攻周邊國家時，能使這些遠隔的國家採取隔岸觀火的策略。可以說，遠交近攻是分化敵人、為我所用的有效戰略。

遠交近攻的策略，戰國末期各國也相當清楚，但是因為各國利益不同，難以齊心齊力，形成一致的對秦策略，故該計成為無往而不勝的利刃。

遠交近攻是改變敵我力量對比並迅速取勝的方法，後世將

其視為有效的計謀廣泛應用。然而於其運用，不一定就用遠交近攻的方法，關鍵在於以分化敵人、各個擊破為原則，達到迅速取勝的目的。

【實例】

一、希特勒遠交近攻入侵波蘭

1939 年 3 月 15 日，德國一舉侵佔了捷克斯洛伐克，緊接著又祕密下達了消滅波蘭的「白色計畫」。5 月，德國又與義大利結為同盟。面對德國咄咄逼人之勢，蘇聯欲與英法二國聯合互助，但英法對德國抱有幻想，甚至想讓德國進攻蘇聯，故難以取得成果。

希特勒得知英、法、蘇三國談判，擔心三國對德形成兩面夾擊之勢，於是從 1939 年 5 月始，先與英國祕密談判；另一方面，也與蘇聯談判，表示無意進攻蘇聯，並促使兩國關係正常化。至 8 月份，日本在遠東挑起諾門罕事件，蘇聯為了避免兩邊受敵，於 8 月 23 日與德國簽訂《蘇德互不侵犯條約》，該條約一旦簽訂，表明蘇聯在德國進攻他國時，將採取中立態度。

而德國簽訂此約，就避免了兩面受敵狀況，於是在 9 月 1 日即放心大膽地實施了「白色計畫」，一舉攻佔了波蘭。次年 5 月，德國對西歐諸國發動閃電襲擊。這期間，蘇聯卻沒有採取任何軍事行動予以阻止。這大大地壯了希特勒的膽，乃於 6 月 22 日悍然撕毀為期十年的《蘇德互不侵犯條

約》，對蘇聯發動大規模突襲，由於準備不足，蘇聯在戰爭之初，有上百萬軍隊被打敗。

二、蔣介石贏取中原大戰

1929 年，蔣介石軍隊與閻錫山、馮玉祥、李宗仁等地方軍閥的矛盾日益尖銳。到 1930 年 1 月，蔣介石企圖在鄭州設鴻門宴抓住山西軍閥閻錫山，結果多疑的閻錫山成功逃脫，返回山西，導致兩大派別的鬥爭公開化。1 月 16 日，閻錫山聯合馮玉祥、李宗仁等公開向蔣介石宣戰，中原戰爭爆發了。

戰爭一開始，閻、馮、李一方的軍事實力遠遠大於蔣介石，當雙方在中原一帶僵持時，蔣介石的「中央軍」顯得很緊張。這時，如能有一支大軍突然襲擊閻馮大軍的後路，方可取勝。蔣介石想到的這支援軍，就是張學良率領的東北軍。

其實，張學良這支大軍，也是閻錫山極想拉攏的對象。他曾派親信長駐瀋陽，反覆勸說張學良入關參戰，但張學良沒有明確表態。這時，汪精衛電告閻錫山，如能起用張學良的智囊人物顧維鈞為新政府的外交部長，極有可能實現拉張反蔣。當時，顧維鈞就在北平，閻錫山對這個建議態度冷漠，並無重用之意，致使顧維鈞返回秦皇島，稱閻馮二人不足以成大事。

同時，蔣介石為拉攏張學良不惜血本，先後派張群、吳鐵城等一路緊追不捨。他見閻錫山出手小氣，便一方面出鉅

資買通東北軍將領，一方面開出一個又一個委任狀，任命張學良為副總司令、于學忠為平津衛戍司令、王樹常為河北省主席，這等於把河北白白地送交給張學良，送了人情。經過權衡，張學良終於倒向蔣介石一邊。

1930 年 9 月 18 日，在中原大戰關鍵時刻，一直保持中立的張學良公開樹起擁蔣旗幟，閻馮聯軍迅速走向崩潰。閻馮的失敗固然有多方因素，但蔣介石遠交張學良，使其舉旗擁蔣，是最重要的因素。從這一點而言，蔣介石正是成功地運用了「遠交近攻」之計。

第二十四計　假途伐虢①

　　此計是強者吞併弱者的策略，但只要弱者提高警覺，識破強者的詭計，強者即很難運用「假道伐虢」的策略來吞併弱者。

【原文】

　　兩大之間②，敵脅以從③，我假以勢④。困，有言不信⑤。

【注釋】

　　①假途伐虢：也叫「假道伐虢」，出自《左傳‧僖公二年》：「晉荀息請以屈產之乘，與垂棘之璧，假道於虞以伐虢。」講的是春秋晉獻公時，獻公極想吞併鄰近的小國虢國和虞國（今山西芮城、平陸一帶），但又找不到合適的理由。

　　晉國大夫荀息便建議用屈地所產的馬、垂棘所產的玉璧送給虞國，借道伐虢。晉獻公以為不值得。荀息說，一旦襲擊虢成功，返回時，再消滅虞國，送出去的馬與玉璧還是晉國的，有何不可呢？晉獻公便同意了。當晉國提出借道時，虞公貪圖財物，輕易答應。大夫宮之奇諫阻說：「虢虞兩國，一表一裡，如車輔相依，脣亡齒寒。」但虞公不聽勸阻，借道與晉。當晉軍滅虢後，在返回的道上，順手牽羊，即將虞國消滅。

　　②兩大之間：指處在兩大國之間的幾個小國。

③敵脅以從：敵人透過威脅，迫使小國就範。

④我假以勢：我方一定要借勢去援助。

⑤困，有言不信：語出《易》「困」卦。意為對處於困難之國，僅以言語相慰，是無法取信的，需施以援助。

【譯文】

處於兩大勢力中的幾個小國，一旦被大國脅迫相從，就應借勢相援。當鄰國遇到困難時，僅僅有言語相慰，不施以援手，對方是不相信的。

【評析】

「假途伐虢」之計，依其本義，是假借良機，以壯大自己的勢力，擴大戰果。但依其釋詞，卻似乎是處於困境之中的小國、小的勢力，要互相施以援手，這與其本義是不盡一致的。

依照此計的本義，其取勝之道在於不擇手段，先施以小惠拉攏某一方，而對另一方施以攻擊，回首時再擊破一方，是採用各個擊破的方式。手法與遠交近攻幾乎正好相反，而各臻其妙。

其前提是，攻擊的敵方都是勢力比較弱小者，如秦國先攻齊而再攻趙魏諸國。敵人若屬強勁之國，短時間難以取勝，即使取勝也難以保持。但如晉國假道滅虢、順道滅虞的手法，是以石擊卵，易於取勝，故採取遠交近攻之法。只是在運作中根據形勢分別先後，達到各個擊破的目的。

【實例】

一、沙俄存心佔波蘭

西元 1700 年，俄國與瑞典為了爭奪北歐霸權，發生了戰爭。為了奪取勝利，俄國竭力拉攏鄰國波蘭，以便在波蘭的國土上實現打敗瑞典的目的。由於沙俄威逼利誘，波蘭被迫與其結盟，導致沙俄軍隊開進波蘭，與瑞典軍隊激戰。

十五年後，沙俄在波蘭國土上戰勝瑞典，但是其軍隊已控制了波蘭的軍事要塞，沙俄軍隊變成了趕不走的客人。之後，沙俄終於消滅波蘭，這支駐軍就成為戰勝波蘭的先遣隊。

二、楚文王襲蔡取息

東周初期，楚文王的楚國勢力日益強大，漢江以東小國，紛紛向其納貢。只有小國蔡國仗著與齊國聯姻，對楚國不敬，因此，楚文王一直想找機會滅蔡。

蔡國與息國都娶了陳國的女子，關係很好。但有一次蔡侯慢怠了息國夫人，致使兩國不和。

楚文王知道這個消息，認為滅蔡的良機已到。他派人與息侯聯繫，息侯便向楚文王獻計，讓楚國假意伐息，他就向蔡國求援，這時，楚息內外夾攻蔡國，蔡國必敗。楚文王得計，立即派兵，假意襲息。蔡侯收到息國求救的請求，馬上發兵救息。當蔡國軍隊進到息國城下時，息侯緊閉城門，這時，楚兵從外急攻蔡軍，順利俘虜了蔡侯。

　　蔡侯被俘後，十分痛恨息侯。他知道楚文王好色，就告訴楚文王：息侯的夫人息媯是一位絕代佳人。於是，楚文王在擊敗蔡國以後，藉巡視為名，到了息國都城。息侯設宴相待，為楚文王慶功。宴會上，楚文王藉著酒興，邀請息侯夫人出來敬一杯酒，息侯只得讓夫人出來相見。楚文王一見息媯，馬上魂不附體，恨不得立即據為己有。第二天，他舉行宴會答謝息侯，讓伏兵綁架了他，並藉機滅掉了息國。

並戰計

三十六計新解

第 ⑤ 套

「並戰計」是指與盟友合作的計謀。所謂盟友，是在特定時間和地點下，依照特定利益暫時結成同盟關係，故而要以謀略予以控制，為我所用。然而，並戰計之下，也不一定均為與盟友合作的計謀，這要視戰時的情況而定。

第二十五計　偷樑換柱①

　　「偷樑換柱」之計，是兼併友軍的計謀。此計的核心觀念在於：「偷樑」與「換柱」都是用次要的換主要的，用假的換真的，用壞的換好的。如此一來對方換得的東西不僅無法對其無益，反而會對其內部產生破壞和瓦解作用。

　　需要注意的是：此計一定要在對方不備的情況下使用。一旦被對方所發覺，反而會導致「偷雞不成反蝕把米」的結局。

【原文】

　　頻更其陣，抽其勁旅，待其自敗②，而後乘之③，曳其輪也④。

【注釋】

　　①偷樑換柱：源於「撫樑換柱」的傳說。據《玉集・壯力篇》引《太史公記》，殷紂王力大無比，身手敏捷，能拉直彎曲的鐵條，手托房樑更換柱子；能徒步捕捉猛獸，徒手抓住飛鳥。後來借喻以隱蔽的手段以假充真，以假亂真，從而改變事物的內容或性質。

　　②其：指盟軍，友軍。

　　③乘：乘機取勝。

④曳其輪也：語出《易》「既濟」卦。以拽住車輪使之不能前行，比喻控制敵方勁旅，從而奪取勝利。

【譯文】

在與友軍共戰敵軍時，須頻繁變化其陣形，暗中抽換其精兵，待其自行衰敗，然後乘機兼併其力量。這就像「既濟」卦說的一樣，拖住了車輪，車子就不能前進。

【評析】

「偷樑換柱」之計，是兼併友軍的計謀。古語曰，春秋無義戰。三國時，魏、吳、蜀經常有二國共攻一國，然後盟友旋即反目成仇的事。這些都說明，在實際的戰爭中，所謂的盟友往往是臨時的，今天是盟友，明天形勢一變，就可能是敵人。那麼，在盟友即將變為敵人時，及早察覺，並以偷樑換柱之法，將其兼併，就成為必需的了。

此計的關鍵，在於偷樑換柱，即將盟友的主力換掉。怎樣偷樑換柱？一要把握關鍵時機；二要隱蔽；三要輕巧；四要乘虛而入。將即將變成敵人的友軍兼併，進行時是必須極為機密的，所以，四條都必須運用得恰到好處。

事實上，偷樑換柱之計，並不一定用在兼併友軍的行動中，在與敵軍的戰爭中，也可實施。其要訣就是在不知不覺中把敵人的主力或關鍵人物換去，而製造出於己有利的情勢。

【實例】

一、趙高矯詔立二世

　　秦始皇統一天下後，自以為正當盛年，就沒有立太子。其子當中，扶蘇最為突出，人望頗高，有大將蒙恬支持；幼子胡亥，則有宦官趙高支持，但嬌寵過甚，一般人都認為不可能繼位。

　　西元前210年，秦始皇第五次南巡，到達平原津（今山東平原縣附近），突然病重。他自知病危難醫，馬上召丞相李斯，傳密詔，立扶蘇為太子。但當時負責起草詔書的是宦官趙高，掌玉璽的也是他。趙高有意立胡亥，故將密詔扣壓，待機篡改。幾天後，秦始皇病死在沙丘（今河北省廣宗縣境），李斯擔心太子未立，政局不穩，故祕不發喪。

　　這時，趙高拜見李斯，告訴他，現在立誰為太子，是我與你的事，沒有第三人知道，如果扶蘇做了太子，蒙恬就會被重用，你李斯的丞相就坐不穩。李斯一聽，私心作祟，就與趙高密謀，假告詔書，賜扶蘇死，並殺死蒙恬，除了心頭之患。

　　回到咸陽後，趙高與李斯矯詔，立胡亥為秦二世，趙高逐漸掌握大權，李斯卻落了個腰斬的下場。沒幾年，秦就覆滅了。這就是趙高與李斯偷樑換柱埋下的禍根。

二、陳平設計殺韓信

　　劉邦建漢，項羽自刎後，對漢朝最大的威脅有二：

一、是北方少數民族的入侵。

二、是各地異姓王擁兵自重。

異姓王中，以韓信勢力最大。劉邦是一位疑心很重的皇帝，他對韓信很不放心，於是藉口韓信袒護叛將，將他貶為淮陰侯，並調入京城居住。韓信本來功高蓋世，但在漢楚相爭時，拒絕了蒯通三分天下自立為王的建議。而今被迫居於京城，不由產生怨恨之情。

西元前200年，劉邦派陳豨（ㄒㄧ）為代相，統帥邊兵，抵禦匈奴。這時，韓信私見陳豨，警告陳豨，你雖然肩負重任，但並不安全，劉邦不見得相信你。於是二人約好，陳豨在代地反漢，韓信在都城內應，伺機起兵。

西元前197年，陳豨在代地自立為代王，劉邦知道後惱怒異常，親自前往征討。當初，韓信與陳豨約定，起事後在都城謊稱奉劉邦之詔，藉以襲擊呂后及太子。可是他們的密謀被呂后偵知。呂后急詔陳平，定下一計，制服韓信。

呂后先是派人在都城散布消息，說陳豨叛亂已被平息，皇帝即將凱旋。韓信偵知此信，又不見陳豨派人來聯繫起兵，信以為真，故甚為恐慌。這時，丞相陳平親自到韓信府中，謊稱叛亂已定，皇帝即將班師回朝，文武百官要入朝慶賞，請韓信立即進宮。韓信聽了，只得與陳平進宮，結果被呂后的伏兵捕捉，囚禁在長樂宮，至夜半時分，即被殺害。

三、趙襄子反敗為勝

春秋末期，晉侯勢力衰微，國內智氏、韓氏、趙氏、魏

氏四家分掌大權，而以智氏權力最大。為此，智伯一心想削弱其他三家勢力，獨掌晉權。他乘晉國計畫討伐越國之機，命令三國各自獻地百里，以充軍資，三家若服從，智伯可得其地；若不服從，可藉晉侯之命予以消滅，結果韓、魏二家予以服從，獨趙襄子予以堅拒。

智伯立即率韓、魏二家攻趙，趙襄子很快敗守晉陽孤城，危在旦夕。

這時，趙國謀士張孟談向趙獻了一個偷樑換柱的計策。既然智伯可以拉攏韓魏攻趙，趙也可拉攏韓魏攻智伯。趙襄子以為很對，就派了張孟談潛出晉陽，會見韓魏二家，並說：韓魏二家與趙一樣，本是唇齒相依的，現在如幫助智伯滅掉趙，則韓魏必然隨著被消滅，不如三家合力滅智。韓魏聽了，以為合理，乃祕密訂立同盟，決定裡應外合，消滅智伯之軍。

趙襄子派人半夜決開晉水，淹沒智氏軍營，韓魏二家乘機從左右夾攻，趙襄子又從城中率軍殺出，智伯也死於此役。從此晉國的天下基本被韓、趙、魏三家瓜分，為以後三家分晉打下了基礎。

四、朱德設計南昌起義

1927 年 3 月，朱德等決定舉行南昌起義，但在南昌附近駐紮有國民黨第 6 軍的幾個團和滇軍第 5 路軍的幾個團。為確保起義成功，必須設法控制住這幾個團的力量。為此，起義總指揮部決定採用偷樑換柱之計。8 月 1 日晚，朱德以南昌市公安局的名義大擺宴席，請這幾個團的團以上軍官，

使這些部隊群龍無首，達到偷樑換柱的目的。宴會結束，已經晚上9點，眾軍官又打起麻將。這時，起義軍已準備就緒，一聲槍響，迅速控制了南昌城，起義獲得了成功。

第二十六計　指桑罵槐

> 　　本計在使用上有三種用途：一、殺雞儆猴。這是透過懲罰一個人來嚇唬其他人，以使其順從的計策；二、敲山震虎。此時此計只是在表達一種姿態，表示自己的強硬態度，也同樣發揮間接警告的作用。三、旁敲側擊。在不便直接指責的場合，不直接了當地指明問題，而是繞個彎子，迂迴地表達自己的責難或不滿。

【原文】

大凌小者[①]，警以誘之[②]。剛中而應，行險而順[③]。

【注釋】

①凌：威懾。

②警：警示。

③剛中而應，行險而順：出自《易》「師」卦之彖辭：「師，眾也；貞，正也。能以眾正，可以王矣。剛中而應，行險而順。以此毒天下而民從之，吉又何咎矣。」意為，用師象之理治軍，有時採取適度強硬的手段反而易於得到應和，行於險中則遇順。

【譯文】

以強大的實力去控制弱小者，則宜用警示的方式予以開

悟。這就如師卦所顯示的那樣，採取適當的強硬手段反而宜於達到應和，如行險中則宜於遇順。

【評析】

「指桑罵槐」之計，是強大的一方在弱者面前樹立威信或征服弱者的手段，其手段的核心在於「罵」，即如釋詞中所言，「警以誘之」。而非以強凌弱，用強力打擊弱者。

其根本用意是，對於弱者，用不著施以強壓，只要施以警示，弱者就該明白，予以服從了。如此一來，就可以兵不血刃，取得完勝。

此外，警示的手段，講究適中，即「剛中而應」。強則不必，弱則無效。這一「剛中而應」的原則，可視為治軍乃至治事的各方準則，只是這應視情形而有變化，不應一概以強力手段威懾弱者。

【實例】

一、孫武演武訓宮女

春秋時期，吳王闔廬看了大軍事家孫武的《孫子兵法》，很感興趣，於是召見孫武，說：「你的兵法，精妙絕倫。你是否當面給我演示一下？」孫武說：「這個不難，您隨便找一些人來，我操練給您看。」吳王一聽，有點不相信，但還是說：「我的後宮有許多美女，您能不能教她們來操練操練？」孫武一笑說：「行，什麼人都可以操練。」

於是，吳王給孫武找來180名宮女。這些宮女一到校場，只見旌旗招展，戰鼓咚咚，很是新奇，不由東瞧西看。孫武也不予計較，只是命吳王的兩名愛姬當隊長，各帶一半人。那兩名愛姬只是覺得好玩，好不容易才把嘻嘻哈哈的美女們排成兩列。

這時，孫武耐心地給她們講解操練要領，交代完畢，就在校場上擺下刑具。然後警示美女們說：「練兵可不是兒戲，你們如不聽從命令，不論是誰，都得受到軍法處分。」

這些美女們都沒把孫武的話當回事。雖然孫武一本正經地訓練她們，還是不得要領。這時，孫武就把那些訓練的要領重複一遍，並問大家聽明白沒有，美女們都說聽明白了。

於是孫武再次發令，進行訓練，但那些美女們還是笑得嘻嘻哈哈。孫武嚴肅地說：「命令交代清楚了，士兵不服從，就是士兵的過錯，按照軍法，違令者斬。隊長首先應受罰。」說完，命推出兩個隊長斬首。

吳王一聽，急忙派人向孫武說：「將軍確實善於用兵，我十分佩服。這兩個人都是我的愛姬，千萬不要殺掉。」孫武正色道：「吳王既然命我演練，我就應按法規辦事，不然如何治軍呢？」吳王再三求情都無效，只好忍痛看著兩個愛姬被孫武執法示眾。

第三次鼓聲響起，眾美女都精神集中，動靜合於規矩，一絲不苟，順利地完成了訓練任務。

此次訓練，孫武以軍令訓練好了從未接受過訓練的宮女，令吳王十分佩服他的治軍才能。後來任他為將，促使吳

國成為春秋強國。

二、司馬穰苴治軍退敵

　　春秋時期，齊景公以司馬穰苴為將軍，帶兵抵禦燕、晉兩國的軍隊。司馬穰苴深知自己出身低微，軍士不會輕易相信自己，於是請求景公派一位有威望的大臣做監軍，自己才可以接受將軍的職務。齊景公覺得有理，就派了莊賈做監軍。穰苴與莊賈約好第二天正午時分在營門口相見。

　　莊賈一貫驕縱，沒有把約定的事放在心上，又因為親朋餞行，直到黃昏才趕到營中。司馬穰苴非常惱火，對莊賈的解釋置之不理，問執法官：「按照軍法，未按期趕到的該作何處置？」執法官回答：「該斬。」莊賈害怕了，派人去向齊景公求救。過一會兒，齊景公派人持赦令趕到，莊賈已被斬首。隨後，司馬穰苴又將在營中亂跑的齊景公的使者斬首，以示三軍，然後率軍出發。從此，三軍士氣大振。

　　當晉、燕二國的軍隊聽說司馬穰苴嚴格治軍的故事後，急忙撤回本國，齊軍乘勝追擊，收復了大部分失地。

三、朱元璋佯斬徐達

　　西元1356年，朱元璋率紅巾軍準備攻打鎮江（今屬江蘇省）。但是，他的軍隊屢屢發生欺壓百姓的事。於是徐達獻計，扮演一場佯斬主將的假戲，用以服眾。定好攻打鎮江的這天早晨，突然傳來一條消息，主帥徐達已被抓了起來，

馬上要被斬首。

　　過了一會兒，徐達被押至軍前，後面跟著兩位劊子手，朱元璋也來到教場。這時，執法官宣布：「徐達身為大將，他的軍中卻屢次發生欺壓百姓的事，壞了我紅巾軍的聲名。為嚴肅軍法，將徐達當眾斬首。」

　　眾將士一聽都非常震驚，不知如何應付。帥府都事李善長硬著頭皮給朱元璋跪下求情，眾將士也一起跪倒求情，願意共同承擔責任，求朱元璋饒恕徐達。

　　朱元璋坐在椅子上，一言不發，過一會兒，才站起來，堅定地說：「我們起兵反元，就是因為官府欺壓百姓。現在我們的軍隊反過來欺壓百姓，那不就和元朝官府一樣了嗎？」隨後，指著徐達斷喝：「今天看在將士求情的份上，饒你性命，以後軍中發生這樣的事，定斬不饒！」

　　鬆綁後的徐達嚴格治軍，很快率軍佔領鎮江，進城後，全軍秋毫無犯，百姓很是高興。

　　朱元璋知道後十分高興，感謝徐達獻計，上演了一齣佯斬服眾的好戲。

第二十七計　假癡不癲

假癡不癲是一種麻痺對手，待機而動的計謀。此計實施成功的關鍵在於「假癡」。「假癡」有多種表現形式：一、假作不知。二、假作不為。三、假作不懂。四、假作不管。五、假作不能。僅做到了「假癡」還不夠，同時要做到「不癲」，即不走火入魔，否則「假癡」就變成了真癡。因此，「假癡」時一定要掌握分寸，千萬不能過火。

【原文】

寧偽作不知不為，不偽作假知妄為。靜不露機，雲雷屯也[1]。

【注釋】

[1]雲雷屯也：語出《易》「屯」卦之象辭。屯，困難。以雲雷一起發作，環境險惡，象徵辦事困難。在此以雲雷並作象徵守如處女，動如脫兔。

【譯文】

寧可裝作無知而不行動，不可假作知道而輕舉妄動。守靜而不露玄機，關鍵時刻一旦爆發，出其不意而獲勝。

【評析】

　　所有軍事謀略都有一個共同的特點，即保密。保密有多種方法，像「假癡不癲」這樣的計謀，也是一種保密。《孫子兵法》認為用兵乃詭道，故而「能而示之不能，用而示之不用」；《六韜》說得更明白：「鷙鳥將擊，單飛斂翼；猛獸將搏，弭耳俯伏；聖人將動，必有愚色。」這「愚色」就是「假癡不癲」，正所謂大智若愚。

　　保密的目的，是使敵人難以判斷我方意圖，從而手足無措，在我方則可達成行動的突然與迅猛。假癡不癲，則似乎含有更深一層涵義，即敵人所有動作、計謀，我方已然瞭解，然而仍然像不知道，不僅要視而不見，聽而不聞，而且佯作癡癲，這樣，就麻痺了敵人的意識與神經。

　　其實，我方已做了應對的準備，此正所謂「韜光養晦」也。

【實例】

一、司馬懿裝病誅曹爽

　　魏明帝去世後，年僅八歲的兒子曹芳繼位。朝政由太尉司馬懿與大將軍曹爽共同執掌。曹爽是宗親，勢力很大，不能容忍異姓共同執政，於是用明升暗降的手段剝奪了司馬懿的權力。

　　司馬懿大權旁落，但又無可奈何，只能躲在家裡等待時機。曹爽成功專政後，也不放心，他知道司馬懿足智多謀而且黨羽甚多，於是心生一計，派親信李勝去司馬懿家探個究

竟。

司馬懿知道李勝要來，已看破其用意，急忙躺在床上裝病。

當李勝走進司馬懿臥室時，只見他頭髮散亂、病容滿面，正由兩名侍女服侍。李勝上前稟道：「好久沒來拜望，不知您病成這個樣子。現在我被任命為荊州刺史，特來向您辭行。」司馬懿假裝聽錯，說道：「并州是邊關重地，一定要好好處理防務啊。」李勝見他聽不明白，解釋道：「是荊州，不是并州。」司馬懿仍是不明白。

這時，兩個侍女又餵他吃藥，湯水從口角中流淌出來，一副垂危的樣子。司馬懿於是有氣無力地說：「我已命在旦夕了。我死之後，請你轉告大將軍，一定多多照顧我的孩子們。」

曹爽聽了李勝的回報，心中自然高興，說：「只要這老頭一死，我就沒什麼擔心的了。」

不久，天子曹芳要去濟陽城北祭掃，曹爽覺得政權鞏固，就帶著三個兄弟和親信們一起護駕出行了。

司馬懿聽到曹爽出行，馬上調集家將，召集其老部下，迅速佔據各處大營，然後進宮威逼太后，歷數曹爽罪狀，要求將他廢黜。太后雖然不情願，只得同意。

等到曹爽回到都城，已然失勢。接著，司馬懿以篡逆之罪，誅殺了曹爽一家，實現了大權獨攬。這樣，曹魏政權實際上已經結束，司馬氏政權已然開啟。

二、冒頓示弱滅東胡

　　西元前 209 年，匈奴單于的太子冒頓執政。當時，東胡部落很強盛，聽說冒頓弒父稱雄，便向冒頓說：「你父親已死，我們想得到千里馬。」群臣都說：「千里馬是匈奴的名馬，不能送給東胡。」冒頓說：「睦鄰友好重要，怎能愛惜一匹馬呢？」東胡得了千里馬，又得寸進尺，派人向冒頓說：「我們想得到單于的一位美女。」冒頓又不顧群臣反對，把美女送給東胡。東胡兩次如願，以為冒頓好欺，向西侵擾，想得到雙方接壤處的一大片荒蕪的土地。於是又派人向冒頓說：「你們警戒線外的地方控制不了，我們佔了吧。」冒頓召集群臣商量，大家意見不一。這時，冒頓一改往常態度，說：「領土是國家的根本，怎麼能割讓呢？」下令將主張割讓的人一律斬首。

　　然後跨上戰馬，率兵襲擊東胡。東胡長期被冒頓麻痺，不加戒備，遭冒頓突襲，很快滅亡。冒頓消滅東胡，已無後顧之憂，又西擊月氏國，南併樓煩、白羊兩國。

三、羅斯福大智若愚

　　太平洋戰爭爆發後，日軍憑藉其雄厚的海軍力量，企圖進一步發動中途島戰役，徹底控制太平洋的制海權。但是，美軍成功地破譯了日軍通信密碼，掌握了其作戰計畫，從而認真地做著應對準備。

　　這時，美國一家報紙突然將日軍的作戰圖謀做披報導，

引發巨大震動。羅斯福總統知情後，經過仔細分析，認為如果追究報社責任，必然會引起日方警覺，有可能更改作戰計畫；並會認為美軍已破譯其密碼而加以更改，致使美軍不易繼續掌握日方情報。因此，羅斯福總統決定將計就計，裝聾作啞。

　　這樣一來，日方果然錯誤地認為，這是美方虛張聲勢，藉以試探日軍的動向，所以，仍然按原計劃安排行動。結果，中途島海戰，以日軍大敗，美軍大勝終結，並以此成為日軍走向全面失敗的一個重大轉捩點。

第二十八計　上屋抽梯①

　　原指誘人爬上高樓，然後搬走梯子，使其進退無路，只能束手就擒。在軍事上，此計則是指設法誘敵進入我方的圈套中，然後截斷敵人援兵，以便將敵圍殲的謀略。

　　一般來說，可以誘騙的對象有四種：一是貪而不知其害者；二是愚而不知其變者；三是急躁而盲動者；四是情驕而輕敵者。

【原文】

　　假之以便，唆之使前，斷其援應，陷之死地。遇毒，位不當也②。

【注釋】

　　①上屋抽梯：出自《孫子兵法・九地篇》：「帥與之期，如登高而去其梯，帥與之深入諸侯之地，而發其機，焚舟破釜，若驅群羊，驅而去，驅而來，莫知所之。」本指帶兵指揮之法。在此指誘敵於死地的謀略。

　　②遇毒，位不當也：出自《易》「噬嗑」卦辭。意謂貪求不應得到的美味，必有後患。毒，指吃臘肉而中毒，古人認為臘肉味美，但不新鮮，含有毒素。

【譯文】

給敵人一些可憑藉的方便，誘使其前往，然後斷絕其一切援助與接應的力量，從而使之陷於死地。這就像貪圖不潔的美味，反而處於危險的境地一樣。

【評析】

上屋抽梯，本出自《孫子兵法》，指帶兵之法，是置之死地而後生的意思。後來演變用之於戰勝敵人，則含有使敵人陷於束手無策的意思。此計的重點是，本來有一個陰謀，但要使敵人不得不去就範，於是必得有一個絕大的誘惑，製造一個必須前往的誘因，這個誘惑或條件，必須建立在對敵人絕對瞭解的基礎之上。

另外，上屋而能抽梯，梯去即為死地，則屋必須高峻，即陷敵於死地的環境必須險惡，如敵人一入險境，即有生路，則梯大可不必抽。

【實例】

一、拿破崙金字塔取勝

西元 1798 年，拿破崙率領法國的遠征軍出征埃及。然而一進入埃及，他的部隊就陷入埃及軍隊的游擊戰之中，這令拿破崙頗為苦惱。

經過仔細分析，拿破崙想出了一個極為驚險的計謀。他預先在金字塔周圍埋伏了炮兵，然後親自指揮一部分部隊向

金字塔強行軍。到達指定地域後，就解散部隊，在金字塔周圍閒逛。拿破崙自己則在一個月明星稀的夜晚參觀金字塔，當走到獅身人面像前時，突然向它開了一槍。槍聲剛剛散去，就有士兵報告，在身後發現埃及騎兵。

這隊埃及騎兵名叫馬木留克騎兵，是埃及軍隊的主力。所以，衛隊勸拿破崙迅速撤離。拿破崙卻哈哈大笑，說道：「讓他們來吧，來得越多越好。」然後，令騎兵吹起進攻號角。

這時，法軍迅速完成了對馬木留克騎兵的包圍，幾百門大炮同時向騎兵隊伍猛轟，打得人仰馬翻。拿破崙迅速取得大勝。從此，埃及被拿破崙佔領，拿破崙成為埃及的霸主。

二、韓信背水一戰

西元前 204 年，韓信駐兵平陽（今山西臨汾市），北伐代郡（今山西代縣一帶），然後揮兵南下，又東出今山西娘子關一帶，直抵井院口（今屬河北）約三十里處下寨。

趙相陳餘得知代地失守，韓信引兵前來，遂格外嚴防固守，以阻止漢軍前來。他的謀士李左車向陳餘獻計：韓信遠來，利於速戰，如果我軍利用這裡道路崎嶇的有利條件，派一支兵眾將韓信的輜重截在後面。這樣，韓信欲前不能，欲後不得，不出十日，漢軍必然失敗。

陳餘一聽，雖是好計，卻不合道義，還辭退了李左車。韓信知悉這個消息，連忙叫來騎都尉靳歙和左騎將傳寬分別授以密計，然後於夜半自率全軍進抵井院口。天亮時，把精

選的一萬人渡過泜水，背水設陣。然後自率其餘兵眾揚旗擂鼓，闖進井院口。

陳餘見漢軍前來，仗著人多，打開營門，圍攻韓信。韓信見狀，便命士兵拋下帥旗，潰退到泜水河邊。趙軍自以為得勝，奮力追擊，城堡裡的趙軍也一擁而出，掠取漢軍旗鼓。這時，韓信軍與已列在河邊的一萬精兵努力返戰，後退者全斬。

漢軍沒有退路，只得拚死殺敵，雙方不分勝負。陳餘見不能取勝，便命收軍回營，不料返至城下，城上趙軍旗幟已全部易為漢軍旗幟。陳餘不由得心驚膽戰，擇路而逃。這時，傅寬從旁殺出，陳餘再逃，又被漢常山太守張蒼截住，逼至泜水河邊，被亂刀殺死。

三、田單死守即墨城

戰國時期，燕國聯合周邊各國攻打齊國，沒有多久，齊國城池大多被攻佔，只剩即墨（在今山東）等三城，齊國岌岌可危。

逃到即墨城的田單，本是齊國安區地區的一個管理市場的小官，即墨城被圍後，人心混亂，也無建制，大家見田單足智多謀，就推舉他率領民眾堅守城池。

田單知道自己是外鄉人，擔憂人心不服，就想了一個計策。他命全城人吃飯時，一定要在院中設供桌，這樣，空中飛鳥看見食物，都成群地飛下來吃這些食物，田單就向大家說：「這是上帝在顯靈，以示幫助我們。」

　　田單為了穩固軍心，又派人在城外散布說：「田單最怕燕軍捉到齊國的俘虜，把他們的鼻子割下來，提到軍前，即墨城內的士兵，就會不戰而降。」又散布說：「田單最怕燕國人挖齊國人的祖墳，那樣的話，齊國人就只能投降了。」齊國人聽說後，果然照著做。不料齊國人見了，個個悲痛欲絕，義憤填膺，誓與燕軍奮戰到底。

　　田單用這些方法把齊軍投降的路斷了，又把他們的心籠絡在一起，就發動他們修築工事，隱蔽起來，然後讓老弱病殘上城守衛；接著派使者送給燕將黃金，告訴他們，齊軍快要投降了。

　　燕軍一聽，對齊軍的進攻鬆懈下來。這時，田單把徵集來的千餘頭耕牛角上都綁上尖刀，尾巴上都綁上乾柴，澆以油脂，然後放在幾十個城牆的土洞內。在一個夜深人靜的夜晚，齊軍將牛尾點著，耕牛負痛難忍，一下衝破城牆，直奔燕軍大營。熟睡的燕軍還沒反應過來，就被齊軍的「火牛陣」撞死燒死不少，待回過神來，還以為神兵天降，潰退下來，一發而不可收。不久，田單就率齊軍收復了失去的土地。

第二十九計　樹上開花[①]

　　樹上開花計策的關鍵在於借局佈勢，在敵強我弱的形勢下，為了創造和等待戰機，防止被敵人吞併，便借別人的力量來虛張聲勢，示強於敵，造成敵人在判斷上的錯誤，使之不敢貿然來戰，並以此從心理上懾服敵人，使其退讓或降服。

【原文】

　　借局佈勢，力小勢大。鴻漸於陸，其羽可用為儀也[②]。

【注釋】

　　①樹上開花：其義轉自「鐵樹開花」。佛教典籍《碧岩四十則》其四：「垂示休去歇去，鐵樹開花。」意謂不可能發生的事。轉為樹上開花，用作軍事計謀，表示巧妙利用各種有利條件，壯大自己的聲勢，震懾或迷惑對方。

　　②鴻漸於陸，其羽可用為儀也：出自《易》「漸」卦上九爻辭：「鴻漸於陸，其羽可用為儀也，吉。」意思為：鴻雁在高空緩緩飛行，其豐滿的羽毛使它顯得雄姿英發，這樣的姿態值得人去仿效。在此比喻弱小的軍隊借了勢力，就顯得聲勢浩大，增加了力量。鴻，雁。儀，效仿。

【譯文】

巧借別人的局面布成有利的局勢，雖然弱小，也可以顯得強大。就像鴻雁高飛，牠的羽毛可以助長氣勢。

【評析】

「樹上開花」之計是為勢力弱小者設計的。當他人的勢力或形勢可借用的時候，就可藉以壯大自己的陣容。其實，無論勢弱勢強，只要有勢可借，都有借的必要。借勢，首要的前提，是明白這勢真是有利之勢，若非有利之勢，一旦憑藉，必為所借之勢所害。

其次，勢有大有小，有這樣的勢，有那樣的勢，必須合於己借，若非合於己借，則斷不可借。故《孫子兵法》說：「故善戰者，求之於勢，不類於人，故能擇人而任勢。」實質就是說的借勢要善借。要透過借形成明顯的優勢，而非形成劣勢。

【實例】

一、張飛長坂橋退敵

漢末，曹操引兵分八路進攻樊城（今屬湖北）。為保城中百姓，劉備棄城出走，曹操大軍緊隨其後。不久，雙方就戰成一團。劉備損兵折將，落荒而逃。這時，趙雲單騎救出阿斗，一路殺死數十名曹將，望長坂橋奔去。後面有大將文聘緊隨而來。趙雲來到橋邊，已然人困馬乏，只見張飛手持長矛立於橋上，不由大呼：「翼德快快救我？」

張飛高呼：「子龍快走！追兵由我對付！」

其實，張飛為接應趙雲，只帶了二十餘個騎兵，當來到長坂橋時，看見曹操千軍萬馬，哪裡能夠硬取。這時，猛然想出一計。他命這二十餘名騎兵砍倒樹木，拴在馬尾巴上，拖著樹木在樹林子附近奔跑，當曹操率大軍來到橋邊時，只見張飛站在橋上，威風凜凜，其身後塵土飛揚，疑有伏兵，便止住追擊。

張飛等得性急，大聲喝道：「我乃燕人張翼德，誰敢來與我決一死戰？」

曹操見張飛如此威風，忽然想起從前關雲長說起張飛有百萬軍中取上將之首的功夫，連忙叮囑眾將切勿上前。

這時，張飛又大喝道：「戰又不戰，退又不退，卻是何故？」

張飛話音未落，曹操身邊一員大將已然嚇得落下馬來，氣絕身亡。曹操本來已有退意，見此狀況，回身便跑。於是曹軍眾將不戰自退，人馬自相踐踏，死傷不計其數。

張飛見曹軍不戰而退，也不敢追趕，帶著騎兵去追尋劉備。臨行前，他命人拆毀了小橋。

卻說曹操退了一陣，回過神來，方悟張飛之計，乃率兵返身再追。至長坂橋邊，只見人去橋毀，悔恨不已，乃率軍繼續追趕。

張飛先是借疑兵之計和關羽的誇張喝退了曹兵，但是，當他退卻時，卻拆了小橋，這讓曹操看出他的心怯。前面借勢得勢，隨後拆橋失勢，卻是不成功的。

二、蘇軍妙計攻柏林

　　1945 年 4 月，蘇聯軍隊開始攻打柏林。柏林是德國首都，防守嚴密，為減少損失，主帥朱可夫想出一條妙計。在總攻發起前，以探照燈集中照射對方陣地，既可威懾敵人，也可為蘇軍指明進攻方向。為此，做了多次演練。4 月 16 日早晨 5 時，蘇軍總攻開始，蘇軍陣地上 100 多個探照燈以及數千輛坦克、汽車的車燈一起射向德軍陣地。德軍頓時陷入慌亂狀態，誤以為蘇軍使用了新型武器，慌作一團。這時，蘇軍萬炮齊發，將驚恐失措的敵軍炸得血肉橫飛，接著，裝甲兵與步兵協同衝鋒，迅速打開缺口，天亮時分，就攻佔了德國法西斯的最後堡壘柏林。

三、李園一妹二許，借父生子

　　戰國時期楚國貴族黃歇為楚國令尹，號春申君，與齊孟嘗君、魏信陵君、趙平原君並稱「戰國四公子」。

　　春申君平生好客，門下食客數千。楚考烈王沒有子嗣，春申君很為此擔憂，因此選送了許多健壯女子獻給考烈王做妃子，考烈王卻始終未生得一男半女。

　　春申君門下有一個食客叫李園，認為這是一個機會，希望藉此飛黃騰達，於是想到將自己美貌的妹妹送給考烈王為妾，如能生子，妹妹就有望成為王太后，而自己也能獲得高官厚祿；但想到考烈王多年無子，應是有隱疾，此計純屬妄想。為求一箭雙雕，便心生一計。

他先將妹妹獻給春申君，請求春申君將他的妹妹納為婢妾。在妹妹懷有身孕後，又令妹妹對春申君獻策道：「楚王對您如此寵幸，即使他的親兄弟也比不上您。但是，現在楚王沒有兒子，日後他弟弟必然繼承王位。您在楚國為相二十餘年，平日也有得罪他弟弟的時候，如果楚王的弟弟繼位，就會給您帶來禍殃。現在我有了身孕，但是外人不知道，您把我獻給楚王，楚王見我貌美，必然寵幸，如果我能生個兒子，就是您的骨肉，將來可以繼承王位，豈不保您一生榮華富貴？」

春申君不知是計，反而稱讚她比男子更加聰明，忙把她獻與楚王為妃，終使李園兄妹陰謀得逞。李園之妹入宮不久果然生下一個男孩。

李園之妹因此被立為王后，李園不僅升了官，而且成了國舅。時過不久，考烈王去世，太子即位，是為楚幽王。李園把知道真相的春申君當作心腹之患。一日春申君上朝，被李園事先埋伏的甲士刺死在宮門。

在此事例中，李園藉春申君把妹妹獻給楚王，又利用春申君使妹妹懷孕，生下太子，萬一春申君不答應將其妹獻給考烈王，他也至籠絡了春申君，可謂藉局布勢的經典。

第三十計　反客為主

　　古人使用本計，多是用在盟友身上，往往是借援助盟軍的機會，先站穩腳跟，然後步步為營，逐漸滲透，最後取而代之。在軍事上，一般說來，深入敵國作戰為「客」，在本土防禦為「主」。「反客為主」，也是尋找敵人防禦的漏洞，乘機插入敵方腹地攻其要害，控制敵方指揮系統，由「客」變為「主」。

【原文】

　　乘隙插足，扼其主機①。漸之進也②。

【注釋】

　　①主機：關節、要害之處。

　　②漸之進也：語出《易》「漸」卦之彖辭：「漸，漸進也，女歸，吉也。進得位，往有動也。」意為漸進，佔據主動地位，便會行而有功。

【譯文】

　　乘著敵人的空隙，插足其中，最終掌控其關鍵部位，這是循序漸進的結果。

【評析】

「反客為主」之計就是變被動為主動。據其釋詞，即透過循序漸進的辦法，插足敵人的空隙，最終掌控敵人的首腦部位。

這就是說，要想反客為主，掌握主動權，關鍵是掌控敵人的主要部位，這個主要部位，也許是指揮官、指揮部，也許是一段緊要機密，也許是一個重要的地形，要根據具體的情況決定。其方法是遵循漸進，並找對敵人內部矛盾的關鍵處，或空隙、弱點，然後一擊中的，取得主動。

這樣，就可以輕易取勝了。

【實例】

一、郭子儀大破吐蕃兵

唐朝叛將僕固懷恩煽動吐蕃與回紇聯合出兵 30 萬，一路從西而來，直逼涇陽城（在今陝西涇縣）下。唐朝皇帝派名將郭子儀前往平叛，駐守在涇陽城內。

面對嚴峻的形勢，唐軍只有 1 萬餘人，處於明顯劣勢。郭子儀十分焦急，不知如何是好。這時，僕固懷恩死去。吐蕃與回紇失去中間人，都想爭奪指揮權，矛盾激化。

郭子儀想，既然敵方產生矛盾，為何不趁機分化兩者，使其不戰自退呢？於是他想到回紇都督藥葛羅，他曾與郭子儀參與平定安祿山叛亂，此人極重情義，故郭子儀決定冒險與之相會。

郭子儀將有關意圖說出來，眾將擔心有危險。郭子儀力

排眾議，只帶了少數衛兵，前往回紇營中。

藥葛羅見郭子儀真的來了，非常高興，設宴招待，二人談得十分親熱。郭子儀乘機對藥葛羅曉之利害。藥葛羅欣然同意反正，於是雙方立誓結盟。

吐蕃知道郭子儀與回紇結盟，感到對己不利，連夜撤兵。郭子儀與回紇合兵追擊，大敗吐蕃。從此好長一段時期，唐朝與吐蕃再無戰事發生。

二、晁蓋梁山奪位

晁蓋、吳用等七位好漢初投梁山泊時，寨主王倫待之如賓，但對收留七位上山落草，卻心存疑忌。吳用看出這個態度，知道不能明著提出入夥問題，又看出林沖對王倫態度不滿，故設計讓林沖火拚王倫，達到上山之目的。

第二日，王倫設宴聚會，他拿出重金相送，推託地方太小，容不下眾多英雄。晁蓋便說：「若是不能相容，我等當自行告退。」這時，林沖不能忍耐，大喝起來：「前番我上山時，你就推說糧少房稀；今日晁兄與眾豪傑到此山寨，你又這樣推說，是何道理？」吳用便說：「頭領息怒，是我們來的不是，反而壞了你們兄弟情分，我們還是離開吧。」林沖聽了，不由怒火沖天，越發不饒。吳用乘機又把要離開的話說了一遍。晁蓋等人便起身而去。林沖氣惱已極，抽出一把刀來，要與王倫相拚。吳用趕緊假意勸解，林沖哪裡聽得進去，一刀結果了王倫性命。

王倫一死，林沖等便推晁蓋為山寨之主。這一轉化，都

是吳用借了王倫的肚量小以及林沖的負氣，從而挑起林沖的
仗義之心，促使他殺死王倫，實現反客為主。

敗戰計

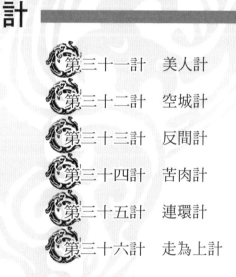

「敗戰計」是在敵強我弱的條件下，以柔克剛，以小勝大，敗中圖存的計謀。敗戰計要求有膽有識，更要有堅韌的意志。

三十六計新解

第 6 套

第三十一計　美人計

　　美人計雖以美人為名，卻泛指用來在敵人心理方面發動進攻的武器，即透過「伐情」來損敵，也就是消磨敵之意志，挫敗敵之銳氣。因此舉凡進獻財物之類，其目的在於迷惑敵方，削弱其鬥志者，都應屬於這個範疇，而非特指美人。

【原文】

　　兵強者，攻其將；將智者，伐其情。將弱兵頹，其勢自萎。利用禦寇，順相保也[1]。

【注釋】

　　[1]利用禦寇，順相保也：出自《易》「漸」卦之象辭：「利用禦寇，順相保也。」意謂利用美人計以抵禦敵人，進而順勢保重自己。

【譯文】

　　敵人兵力強大，就攻擊他們的將帥；敵人將帥智力超群，就攻擊其情緒方面的弱點。這樣，敵方將弱兵衰，其勢力自然縮小。利用這樣的計謀抵禦敵人，順勢即可保全自己。

【評析】

美人計，原指用女色誘惑敵人的將帥，從而衰減其鬥志，瓦解其戰鬥力。據說，這樣的計謀最早出自《韓非子‧內儲說下》：「遺人⋯⋯女樂二人，以縈其意而亂其政。」說的是晉獻公派兵攻打虢國，要借道虞國，於是送給虞公良馬、美玉及女樂二人。虞公貪圖財物及女樂，就借道於晉國，卻導致亡國的命運。

另外《六韜‧文伐》也有美人計：「養其亂臣以迷之，進美女淫聲以惑之。」

古人以美人計打擊敵方，由來已久，可見以美人惑敵，是處於弱勢時很有用的辦法。越王勾踐以西施獻給吳王，漢末王允以貂蟬獻給董卓，都是有名的例子。然而美人計其所指，不僅指獻美女而言，舉凡進獻財物之類，其目的在於迷惑敵方，削弱其鬥志者，都應屬於這個範疇。

美人計的前提，一般是我方處於弱勢時，不得已的舉措。以小搏大，必抓敵人要點、弱點，以美女財物等進獻敵人將帥，是抓要點，以賄賂方法迷惑敵人，是因為這樣的辦法直擊人性弱點，易於直接迅速地毀滅敵人的主要力量。這樣的計謀，可謂四兩撥千斤的方法。

【實例】

一、蔡鍔反用美人計

1911 年 10 月爆發的辛亥革命，推翻了清王朝統治，建

立中華民國。1912 年 3 月，袁世凱竊取辛亥革命成果，就任中華民國臨時大總統。

袁世凱顯然春風得意，但仍不滿足，一心想著黃袍加身，當一個名副其實的皇帝。於是，有一批「善解人意」的人們，就上演起復辟帝制的鬧劇，以致袁世凱的心思成為司馬昭之心——路人皆知。於是，在全國出現了反對帝制、保衛共和的運動。其中最著名的反對者就是愛國將領蔡鍔。

辛亥革命初，蔡鍔任雲南省政府都督，後因反對帝制被調離雲南，改任參政院參政等虛職，實際上被軟禁於北京棉花胡同。

為了避免被袁世凱暗算，蔡鍔主動採取了美人計的策略，整天與當時雲吉班的名妓小鳳仙混在一起，在八大胡同飲酒看花，因此，袁世凱漸漸放鬆了對他的警惕。

在與小鳳仙混跡一處的時候，蔡鍔並未放鬆反對復辟帝制的活動。他暗地裡與雲貴等地的老部下、老朋友相約，進行反袁護國的準備工作。

1915 年 10 月的一個清晨，蔡鍔與小鳳仙還未起床，就有人在門外大喊開門。不久，這幫人不顧門衛的阻擋，硬是闖進了住宅，當他們看到室內真是蔡鍔後，連忙謝罪，自認誤入蔡宅。

蔡鍔敏感地覺察到袁世凱對他的監視可能加強，帝制即將復辟，留給他的時間已經不多。於是，祕密策劃離京。11 月初的一天，蔡鍔授意小鳳仙以他的名義在蔡公館演戲宴客，招待客人，他本人卻藉機祕密潛出北京，經天津出海赴

日本，再轉道雲南。隨後，率先舉起了反對袁世凱稱帝的大旗。

二、王允獻貂蟬

東漢昭寧元年，并州牧董卓率兵進入洛陽，廢掉少帝，擁立獻帝，實現獨攬朝政。袁紹等地方軍閥起兵討伐董卓。董卓把洛陽城一把大火燒毀，挾持獻帝逃往長安（今陝西西安）。

司徒王允等對董卓的殘暴行徑十分痛恨，很想為民除害，但苦於手無兵權，不知如何下手。這時，想到家中的歌伎貂蟬，她生得貌若天仙，能歌善舞，如能讓她引誘好色的董卓，不愁滅不了董卓。

王允將這個計謀與貂蟬說了，貂蟬一口答應，因為她是王允一手養大的，故情願報答王允的養育之恩。於是，王允把想好的計策密告貂蟬，把她先許給董卓的義子呂布。

呂布也是一位貪財好色之徒。見到貂蟬貌美，魂魄已被奪去，老想著迎娶這位貌美的女子。

過了兩天，王允又請董卓到府中飲酒，席間，王允請貂蟬出來跳舞助興，董卓看了，垂涎欲滴。王允看了這般態勢，乘機說：「要是太師不嫌小女貌醜，就帶她回去做個丫頭吧。」董卓高興，當夜就把貂蟬帶回府中去了。

呂布聽說此事，十分氣憤，去找王允。王允苦著臉說：「太師把貂蟬接走的，還說要馬上給你成親，將軍千萬莫怪罪於我！」

　　次日，呂布在太師府中的後花園看到貂蟬。貂蟬故意說：「我生是將軍的人，死是將軍的鬼，望將軍早日救我出來。」正在這時，董卓走了過來，呂布落荒而逃。貂蟬又撲進董卓懷裡，說：「呂布前來調戲，太師可要為我做主。」如此一來，董卓與呂布之間就產生了仇恨。

　　呂布逃回家中，心中卻忿忿不平。王允藉機對他說：「將軍是蓋世英雄，怎能像我們文官一樣，忍得下這口惡氣！」呂布說：「我與他有父子名分，殺了他擔心別人非議。」王允說：「將軍姓呂，他姓董，怎能說是一家。你看他用畫戟追著刺傷你時，哪像有父子的情分呢？」

　　呂布是耳根軟的人，聽了王允的挑撥，發誓與董卓勢不兩立。

　　這天，董卓在入朝時，被王允派去的刺客刺傷。董卓情急之下，高叫：「奉先（呂布字奉先）何在？」呂布走出來，不僅未捉拿刺客，反而一戟將董卓刺死。呂布當即向眾人宣布：「皇帝有詔誅殺奸臣董卓，他人一概不予追問。」

　　王允在萬般無奈的情況下，用美人計離間了董卓與呂布的關係，進而誅殺了人人痛恨的董卓。

第三十二計　空城計①

　　古人用兵，講究的是「虛者實之，實者虛之」的逆反用計，空城計卻打破了這種常規用計格局，反其道而行之，以「虛者虛之」來進行應用，使用計虛虛實實變幻無窮。

【原文】

　　虛者虛之②，疑中生疑③。剛柔之際④，奇而復奇⑤。

【注釋】

　　①空城計：指三國時諸葛亮以空城計擊退司馬懿的 20 萬大軍之傳說。

　　②虛者虛之：指實力空虛，就故意顯示出虛弱的樣子。

　　③疑中生疑：指我方看似有疑點，就讓敵人看起來更有疑點。

　　④剛柔之際：指敵我強弱懸殊之際。

　　⑤奇而復奇：奇妙之中更加奇妙。

【譯文】

　　我方力量虛弱，就顯示出更加虛弱；敵人生疑時，就使其更加疑惑。處在敵強我弱之時，採用這樣的方法，就使得

奇妙之上更加深了奇妙的色彩。

【評析】

空城計出自三國時諸葛亮巧施空城計擊退司馬懿 20 萬大軍的故事。這種計策，是我方力量明顯弱於敵方，並且處於十分危急的情況下使用的，故是一個險著。諸葛亮使用這個計策，是料定司馬懿認為他不敢使用這個計策，故而會做出錯誤判斷，迫使其自動退兵。該計的釋詞說，「虛者虛之，疑者生疑」，就是說，乾脆將自己的弱點大膽地曝露出來，這樣，反而使敵人疑惑叢生，從而實現以柔克剛。

故而說，這是一著奇而又奇的計策。古代軍事謀略講究正奇雜用，正中有奇，奇中有正。奇之極，反而有了正的氣勢與威嚴，可使敵人看了，反而容易上當。

【實例】

一、李廣臨危退匈奴

漢武帝時期，北方匈奴勢力強大，不時進犯中原。飛將軍李廣當時任上郡太守，抵禦匈奴。

一天，前來監軍的宦官帶人外出打獵，遭到 3 個匈奴兵的襲擊，受傷逃回。李廣知悉此事，親率百餘名騎兵前往追擊。當追了幾十里後，終於追上敵人，殺死 2 名，活捉 1 名。這時，只見數千名匈奴騎兵向李廣他們開進，李廣的騎兵不多，匈奴兵以為是漢軍前鋒，也不敢貿然進攻。

李廣見狀，沉著地穩定部隊。他乾脆讓騎兵在距敵人 2 里左右的地方下馬休息，讓戰馬安閒地在一旁吃草。

匈奴感到十分奇怪，就派一名軍官上前察看。李廣立即上馬，一箭射死了這個軍官，然後歸隊，繼續休息。

匈奴主將見李廣如此鎮定，料想必有伏兵。天黑後，擔心遭到突襲，就引兵撤退了。這樣，百餘名騎兵藉著李廣的勇謀得以安全返回大營。

二、叔詹智退楚軍

西元前 666 年，楚文王病逝。楚文王的弟弟公子元想得到嫂嫂息媯的歡心，就在她的寢宮附近的館舍附近日夜歌舞。息媯知道公子元的心思，感歎他與楚文王一樣，沉湎於靡靡之音，不知振興國家，令人擔心。公子元聽說嫂嫂責備自己，決定率兵攻打相鄰的鄭國，以討得嫂嫂的歡心。

面對楚國入侵的大軍，鄭文公十分驚慌，急忙召集眾臣商討計策，但大多數人都拿不出好的策略。這時，老臣叔詹不慌不忙地說：以前楚國出兵，從未有這麼大的規模，據我瞭解，這不過是公子元討好其嫂嫂的奇怪舉止，我自有辦法應對。

當楚國大軍兵臨都城時，叔詹令軍隊藏在城中，大開城門，百姓往來如常。楚軍先鋒官見狀，不敢貿然進攻，只得駐紮下來，等待公子元。

公子元趕到，見到城中狀況，也是滿腹狐疑，不敢輕易

進城。他擔心鄭國與齊、宋、魯等國有盟約，萬一不能取勝，援軍一到，裡應外合，對楚軍不利。現在既已攻下鄭國幾個城池，對嫂嫂也有交代，於是連夜班師。臨退之時，將空的軍營原樣留下，疑惑鄭兵，使其不敢追來。

　　次日一早，叔詹登城遙望，只見楚營上空眾鳥自在飛翔，便告訴大家，楚軍已經撤退了。

第三十三計　反間計

　　所謂反間計，是以收買或放出假情報之方式，誘使敵方間諜為我軍所利用，以其人之道，還治其人之身的計謀。其應用的關鍵是：在不聲不響中，誘導敵手按自己的意思行動，從而以子之矛，擊子之盾。

【原文】

　　疑中之疑[1]。比之自內，不自失也[2]。

【注釋】

　　[1]疑中之疑：在疑陣之中再設疑陣。也可理解為已有懷疑，再加以某種因素，使其更加疑惑。

　　[2]比之自內，不自失也：出自《易》「比」卦之象辭。在此意味，如敵人內部和諧親附，則不易自犯錯誤。比，互相依附，親附。

【譯文】

　　反間計，就是透過離間敵人內部關係，讓敵人已經疑惑，再行疑惑。如果敵人內部和諧團結，就不會自亂陣腳。

【評析】

「反間計」是從古自今軍事鬥爭中常用的策略。《孫子兵法》專門有「用間篇」，其中說：「反間者，因其敵間用之。」其基本用意就是利用敵方內部矛盾，收買敵方人員，使其為我所用。

為何要用反間之計呢？孫子說：「知己知彼，百戰不殆。」打仗，既要明白我方情況，也要明白敵方情況。而要明白敵方情況，就要多方刺探情報，最為有效的方法之一，就是讓敵方人員親自把真實的祕密告訴我方。

然而，利用間諜也是十分危險的事，假如不慎，誰能保證我方所用的間諜不是雙面間諜呢？所以，反間計的使用，往往是一把雙刃劍，唯有大智慧者方能自如運用之。

【實例】

一、曹操用間反中計

漢末赤壁大戰前夕，曹操陳兵長江北岸，請降將蔡瑁、張允訓練水軍，隨時準備渡江。他很想刺探周瑜所率軍隊的內情，甚至想把周瑜拉攏過來。這時，曹操的謀士蔣幹自稱是周瑜的同窗好友，願意過江勸周瑜歸順。

蔣幹來到江南後，要見周瑜。周瑜正在帳中論事，聽說蔣幹這個時候來到，就判斷他是做說客的。於是，授計與眾將，將計就計。

過一會兒，文武將吏，分兩行進入帳內，周瑜執蔣幹手

一一與大家見面，並大擺宴席，與蔣幹接風。宴飲多時，已至深夜，蔣幹推辭，表示不勝酒力。周瑜遂命人撤席，大家退出。

周瑜說：「我們老同學多年不見，今宵可同榻而眠。」接著佯作大醉，攜蔣幹共寢。

不一會兒，就聽周瑜鼻息如雷。蔣幹肩負使命，心中有鬼，輾轉反側，如何睡得著？乃起床視之，只見桌上堆著一卷文書，卻是書信，有一封書信，上寫「蔡瑁、張允謹封」等字樣。

蔣幹一看大驚，偷偷打開信閱讀其中內容：「某等降曹，非圖仕祿，迫於勢耳。今已賺北軍困於寨中，但得其便，即將操賊之首，獻於麾下。早晚人到，便有關報。幸勿見疑，先此敬覆。」

蔣幹看了書信後，遂將其暗藏於衣內，伏於床上，只待天明後便返回曹軍秉告主公曹操。將及四更，只聽得有人入帳，喚道：「都督醒否？」

周瑜故作忽然醒來之狀，問那人：「床上睡著何人？」

答道：「都督與蔣先生同寢，何故已忘？」

周瑜懊悔說：「我平常不曾飲醉，昨晚飲醉了，不知說了些什麼？」

那人悄聲應道：「江北有人到此。」

周瑜喝道：「低聲！」說著假喚蔣幹，蔣幹便裝作睡熟的樣子。

只聽得見在外有人稟道：「張、蔡二督道：『急切不得

下手。』」再往下就聽不清了。

　　蔣幹聽得這個驚人的消息，完全忘了自己來勸周瑜歸降的任務，急切趕回曹營，讓曹操看了蔡、張二人的信件。曹操看了，心中火起，即將二人就地斬殺。事後不久，忽悟已中周瑜之計，但已無補於事。

二、韓世忠暗使反間計

　　西元 1134 年，韓世忠鎮守揚州。朝廷派魏良臣、王繪等人去金廷議和，經過揚州。韓世忠知道，很不高興，但轉念一想，這兩人一向主張議和，是投降派，如能將一些假情報讓他們知道，一定會傳入金廷，或許可以產生意想不到的效果。

　　幾日後，等二人經過揚州時，韓世忠就故意派出一支部隊開出東門，二人即問開向何處，回答說，是開去防守江口的先頭部隊。

　　第二天，韓世忠正在會見二人，一會兒就有數枚流星金牌送到。韓世忠故意讓二人看，原來是朝廷一再催促韓世忠移防江口。

　　魏、王二人離開揚州後，一到金軍軍營，就把韓世忠移防江口的事告訴了金朝大將矗呼貝勒。於是，矗呼貝勒立即調兵遣將，親自向自以為空虛的揚州進發。

　　不料，韓世忠送走二人，急令部隊在揚州北方的大儀鎮（今江蘇儀征東北）附近設伏。金兵一到，韓世忠只命少數軍隊迎戰，且戰且退，把金兵引入伏擊圈，只聽一聲炮響，

宋兵從四面殺出，金兵立即遭到滅頂之災。

　　金兵大敗，其主帥金兀朮大怒，命將送假情報的魏良臣、王繪囚禁起來。

第三十四計　苦肉計

> 　　苦肉計是用自我傷害的辦法取信於敵，以便進行間諜活動的一種計謀。「人不自害」是人們習慣的心理定勢。苦肉計就是利用這一心理定勢，造成受迫害的假象，以此迷惑和欺騙敵人，並打入敵人內部，對敵人進行分化瓦解。其成功關鍵就在於要使敵方覺得是順理成章，合乎人之常情的。

【原文】

　　人不自害，受害必真；假真真假，間以得行①。童蒙之吉，順以巽也②。

【注釋】

　　①間：間諜。在此指間諜之計。

　　②童蒙之吉，順以巽也：語出《易》「蒙」卦之象辭，意為幼稚蒙昧之人，所以吉利，是因為他們柔順服從。巽，卦名，象徵風。風是柔順的，故代指柔順。

【譯文】

　　人一般不會自我殘害，如果受害，必然真是受害了。所以，利用這種道理，以假作真，以真作假，就可以行使離間之計了。

這就像童蒙之人，因柔順而不受害一樣，順著敵人的心性實施計謀，必然能夠成功。

【評析】

「苦肉計」是萬不得已時，被迫使用的計謀之一。其根據如釋詞所言：「人不自害，受害必真。」一旦施以苦肉之計，一般人會信以為真的。所以，苦肉計雖是萬不得已而用之，其命中率卻是很高的。

苦肉計是真與假之間的博弈，一方面以假作真，或以真作假，用以迷惑另一方，則其假必如真，其真也必如假，一旦有些許的漏洞、須臾的疏忽，其所受之「苦」必然白費，故保密是貫徹全過程的。

保密之極固然重要，但更重要的是合乎真，其釋詞引用古語「童蒙之吉，順以巽也」，這是最好的辦法，即行使苦肉計，要使敵方覺得是順理成章，順乎其意的。

事實上，這是一條普遍的原則，任何軍事計謀如果脫離實情，不順其情理，就很難以實現。

【實例】

一、黃蓋苦肉計蒙曹操

漢末赤壁之戰，曹操陳兵長江之北，咄咄逼人，江南孫劉聯軍嚴陣以待，但實力弱小，故必須以巧計方可能破敵。聯軍的首領，孫權部下的周瑜是個足智多謀之士，但如何勝

敵，卻無必勝之計。

這時，曹操也急於取勝，他派蔡中、蔡和二人到江東詐降，周瑜認為破敵的機會有了。他乘機將二人收留，以為我用。夜時大將黃蓋來見，提出火攻曹操的方案，周瑜以為正合其意，但缺少一人去曹營刺探軍情。黃蓋是一位勇於承擔大義的將軍，表示願施苦肉計，去曹營詐降。二人計議已定。

第二天，周瑜召來手下眾將，命他們做好打持久戰的準備。黃蓋卻說，曹操人多勢眾，早晚打他不過，不如投降。周瑜大怒，責罵黃蓋竟敢在大敵當前動搖軍心，推出去斬了。眾將一聽，十分驚愕，紛紛下跪求情，以為大敵當前，斬大將不利。周瑜假作氣消，說看在眾人求情，且免黃蓋一死，令打一百軍棍。於是，黃蓋被打得皮開肉綻，昏厥過去。眾人看了，無不落淚。

黃蓋被打後，即派人去江北密見曹操，說自己身為老臣，卻無端受刑，願率眾歸降，以圖雪恥。曹操疑心是苦肉計，但遭到說客的嘲諷。接著，又接到蔡中、蔡和的密信，報告黃蓋被打，確是事實，導致曹操相信黃蓋投降，確屬真實。正是因黃蓋的苦肉計，周瑜握住赤壁之戰勝利的關鍵。

二、王佐勸歸陸文龍

南宋初，金兵主帥兀朮領兵與岳家軍在河南朱仙鎮一帶展開決戰。兀朮有一義子叫陸文龍，驍勇異常，對岳家軍形成巨大威脅。岳飛打聽到陸文龍是宋朝潞安州節度使陸登之子。陸登夫婦殉國後，兀朮將陸文龍收養為義子，但陸文龍

全然不知。

　　一日，岳飛正在帳中，忽見部將王佐進帳，一臂已被斬斷包紮，大為驚奇。原來，王佐知道陸文龍的身世後，決心隻身到金營策反陸文龍。岳飛知他行的苦肉計，十分感動，只好允准。

　　王佐乘夜色趕到金營，對兀朮說道：「小臣本是楊麼的部下，失敗後歸順岳飛。昨夜帳中議事，小臣進言，金兵二百萬，實難抵擋，不如議和。不料岳飛大怒，命人斬斷我的臂膀，並命我到金營通報，說岳家軍不日就要生擒狼主。臣要是不來，他要砍斷我的另一隻臂膀。因此，我只得哀求狼主收留。」

　　金兀朮同情王佐的遭遇，叫他「若人兒」，留在營中。王佐在營中悄然接近了陸文龍的奶娘，讓她講清陸文龍的身世，陸文龍聽說自己的身世後，決心為父母報仇，誅殺金賊。

　　金兵運來一批轟天炮，威力無比，準備於夜間轟炸岳家軍營，幸虧陸文龍用箭書射向岳家軍營中，報了信，免除一場災難。當晚，陸文龍便與王佐、奶娘一起投奔了宋營。

三、要離以死助吳王

　　春秋時，姬光利用刺客專諸刺殺了吳王僚，自立為吳王，這就是吳王闔閭。僚的一個兒子慶忌非常勇猛，其父被殺，他逃亡國外，伺機報仇。闔閭因此憂心忡忡。

　　大夫伍子胥為闔閭找來了刺客要離。闔閭一見，心生懷疑，因為要離長得太矮小了，其貌不揚。伍子胥見吳王有疑，

告知他要離十分忠誠，其事必成。於是，吳王召見要離，問他有何妙計。要離說，慶忌急著報殺父之仇，我打算詐稱是「罪臣」去投奔他。為此，請大王先砍掉我的右手，再殺死我的家人，這樣才能博得慶忌的信任。闔閭不忍這樣做，但除此之外，別無他法，便同意了。

次日，伍員與要離入朝，向闔閭推薦要離為將軍，率軍攻打楚國。闔閭聽說，假作憤怒，說：「這人身矮力微，如何能勝任帶兵打仗？」要離當面說：「大王真是忘恩負義，伍將軍為你安定江山，你卻不派軍隊替他報仇。」闔閭大怒：「這人竟敢當面頂撞寡人，把他的右臂砍掉！」要離的臂膀被砍掉後，又被關押起來。過了幾天，伍員命人悄悄放鬆了對要離的監視，故意讓要離趁機逃走。這樣，闔閭便藉機殺掉了要離的妻子，以示報復。

要離逃出以後，聽說慶忌在衛國，便投衛國而去，見到慶忌，說了來由。慶忌不肯收留，要離請他看那隻被斬的右臂。同時，慶忌的心腹報告要離的妻子被斬的消息，從而博得慶忌的信任。

知道慶忌就要回國報仇，要離向慶忌表示，他一樣充滿復仇的決心，願充當嚮導。並向慶忌分析了一番吳國內幕，說得慶忌深信不疑。

三個月後，要離勸慶忌出兵吳國，慶忌同意。二人乘同一條船，船駛到中流，要離見到慶忌站在船頭觀看船隊，心無旁騖，一戟刺到慶忌的胸膛之中。慶忌被殺，要離完成任務，也飲劍自殺。

第三十五計　連環計

　　連環計是指「運用計謀，使敵人相互牽制，以削弱其軍力，再予以攻擊」的策略。一般來說，連環計不管是兩計相扣還是多個計謀相配合，其功能無非兩個：一是要使敵人「自累」，令其行動受制而不自由，這樣就給圍殲敵人創造了良好的條件；二是更有效率地打擊敵人。

【原文】

　　將多兵眾，不可以失望，使其自累，以殺其勢。在師中言，承天寵也①。

【注釋】

　　①在師中言，承天寵也：出自《易》「師」卦。指主帥在軍中指揮得當，吉利，就像承受了上天的寵愛。

【譯文】

　　如果敵方將眾兵多，不可以力敵，就應用計使其自我疲累，藉以減衰其氣勢。主將在軍指揮得當，猶如承受上天的寵愛，諸事順利。

【評析】

所謂連環計，顧名思義，是用兩個以上的計策取勝敵人。然而，據其釋詞，其功能實際為兩方面，即當敵方處於強大而不易戰勝時，先行採取計策使敵人處於疲憊狀態，然後以恰到好處的進攻戰勝敵人。這樣前後一氣呵成，環環相扣，故稱連環計。

事實上，打贏一場戰爭，或戰役、戰鬥，總是有許多計謀連迭運用的，從廣義說，連環計是非常廣泛地被運用著。然而，這裡所提的連環計，其重點是先從內部瓦解敵人，改變敵我力量對比，然後予以強力的打擊。連環計的運用，主要在於知彼知己，周密佈局，運用當中，沒有漏洞，如缺一環則可能滿盤皆輸。

【實例】

一、劉錡夜襲金兵

西元 1140 年，南宋大將劉錡堅守順昌（治今河南阜陽市），金兀朮率軍直抵順昌城下二十里的東村，準備攻城。當天，烏雲密布，雷電交加，劉錡靈機一動，決定借雨夜打敵人一個措手不及。

黃昏時分，天降大雨，劉錡精選 500 名將士潛入金營，一陣衝殺，金兵遭到突襲，亂作一團，下令後退 15 里紮營。次日晚上，劉錡如法炮製，派 100 名精兵，每人帶短刀一把，竹哨一個，冒雨進入敵寨，一俟閃電劃過，即猛吹竹哨，大

砍大殺，閃電一過，即潛伏待機。金兵被動挨打，氣急敗壞，在黑暗中大砍大殺起來，結果，砍殺一夜，血流成河。

天亮時，方知自相殘殺，並不見一個宋兵，金將無奈，只得退回原出發地休整。劉錡在敵人初來乍到，立足未穩時，連續出擊，使敵人不知所以，正合於「使其自累，以殺其勢」的連環計要義。

二、借東風火燒戰船

赤壁之戰前，曹操陳兵江北，因水土不服，戰鬥力大大下降。這時，周瑜用反間計，讓蔣幹把有「鳳雛」之稱的謀士龐統帶入曹營。曹操見足智多謀的龐統來投，大為興奮，請教士兵習於水戰的方法，龐統說：「若將戰船三十一排，或五十一排，首尾用鐵環連鎖，上鋪闊板，別說人可渡，馬也可渡了。」曹操聽了大喜，迅速照辦，只見船船相連，行如平地，非常安穩。

謀士程昱進言說：「船皆連鎖，穩則穩矣，只怕火攻。」曹操不以為然，認為曹軍居於西北，敵軍在南岸，隆冬之際，東南風不起，如何能火燒我軍戰船。

這時，諸葛亮觀察氣象，告訴周瑜，近日會起東南風，宜作火攻準備。三天後，果然東南風大起，周瑜命黃蓋藉機乘船去踐「投降」曹操之約。黃蓋所帶20條船，皆偽作糧船，實為柴草，開到曹操水寨附近，20條大船一齊點火，火借風勢，直衝水寨之中。這時，曹操的戰船用連環相鎖，不易解脫，皆被大火燒毀，東吳兵殺來，直把驚慌的北兵殺得屍

橫遍野。曹操只帶著少數親兵親將，抱頭鼠竄而去。

三、畢再遇連環襲金兵

　　南宋初年，宋代將領畢再遇多次用連環計突襲金兵，取得以少勝多的勝利。

　　一次，宋兵與金兵遭遇，畢再遇令勿與敵正面接觸，可採用游擊戰術。敵人前進，宋兵就後退；敵人停步，宋兵又出來；敵人全力出擊，宋兵又不見了蹤影。因此，金兵非常疲憊，想打又打不著，不打又擺不脫。

　　夜晚，金兵人困馬乏，紮營休息。畢再遇準備了許多黑豆，這些黑豆都是用香料煮過的，偷偷撒在地上，然後，又派兵襲擊金軍。金兵無奈，只得反擊。不料，金兵的戰馬聞到地上香噴噴的黑豆，都無心戀戰，搶吃起來，金兵趕不動戰馬，一時在夜幕中混亂起來。這時，畢再遇集結全部兵馬，從四面包圍金兵，給以毀滅性的打擊。

第三十六計　走為上計

　　所謂上計，不是說「走」在三十六計中是上計，而是說，在敵強我弱的情況下，我方所有的幾種選擇：一、求和；二、投降；三、死拚；四、撤退。在這四種中選擇，前三種是完全沒有出路的，是徹底的失敗。只有第四種，撤退，可以保存實力，以圖捲土重來，這是最好的抉擇。因此說，「走」為上。

【原文】

　　全師避敵①，左次無咎，未失常也②。

【注釋】

　　①全師避敵：為保全整體實力而避開強敵。
　　②左次無咎，未失常也：語出《易》「師」卦。依其本義為在左邊駐紮部隊，沒有危險，並未違背行軍的常道。在此應指全軍撤退。次，駐紮；咎，差錯。

【譯文】

　　為了保全力量而避開強敵，依照情形後撤，也是符合行軍常道的。

【評析】

走為上計，是三十六計的最後一計，之所以列為末計，說明全軍撤退是迫不得已的舉動。在強敵面前，各種招數已經使盡，仍不能取勝，則必須以撤兵為不得已之計了。

然而，雖為不得已，撤退也有慌忙逃跑、從容撤退的區別。凡有心智、有準備的將軍，雖然撤退，也必是從容的，可以保全力量，而且很可能迅速做出反擊之舉；凡無才智、無準備的將軍，遭遇失敗，慌不擇路，以至損兵折將，則屬失敗的逃跑。至於以退為進的佯作失敗，則似不屬走為上計的範疇。

【實例】

一、叔孫建三十六計走為上策

魏太帝聽到宋國名將檀道濟領軍北上，就把大將叔孫建及公孫道生找來，要他們不可輕敵。兩軍打到歷城時，宋軍軍糧只剩三天，檀道濟便決定撤軍。

不料，投降的宋兵把軍糧快吃完的消息報告魏軍，叔孫建便下令追擊，檀道濟這時居然下令紮營煮飯，叔孫建看到後以為有詐不敢進攻。

宋軍吃完晚飯後，糧官就叫士兵點燈高唱軍糧的數量，每裝滿一袋時，便高唱：「再加兩百斤，滿十萬斤了。」並把糧袋堆成像小山一樣高，士兵還故意失手打翻米袋，魏軍一看滿地白米，趕緊報告叔孫建。

第二天，叔孫建披戰袍觀看宋軍，宋營鼓聲大作，戰車

上帥旗高掛一人穿便服，後面跟著整齊的宋軍，對四周的魏軍一點都沒放在眼裡。叔孫建不敢輕敵，決定三十六計走為上策，便下令撤軍十里，宋軍就這樣突出重圍，全軍而返。

三十六計新解

附　　錄

孫子兵法原文

《孫子兵法》是世界上最早的兵書之一。在中國被奉為兵家經典，後世兵書大多受到它的影響，對中國的軍事學發展影響非常深遠。在世界軍事史上也具有重要的地位。

附錄：孫子兵法原文

《孫子兵法》第一：計篇

孫子曰：兵者，國之大事，死生之地，存亡之道，不可不察也。

故經之以五事，校之以計，而索其情：一曰道，二曰天，三曰地，四曰將，五曰法。道者，令民於上同意也，故可以與之死，可以與之生，而不畏危。天者，陰陽、寒暑、時制也。地者，遠近、險易、廣狹、死生也。將者，智、信、仁、勇、嚴也。法者，曲制、官道、主用也。凡此五者，將莫不聞，知之者勝，不知之者不勝。

故校之以計，而索其情。曰：主孰有道？將孰有能？天地孰得？法令孰行？兵眾孰強？士卒孰練？賞罰孰明？吾以此知勝負矣。

將聽吾計，用之必勝，留之；將不聽吾計，用之必敗，去之。

計利以聽，乃為之勢，以佐其外。勢者，因利而制權也。

兵者，詭道也。故能而示之不能，用而示之不用，近而示之遠，遠而示之近。利而誘之，亂而取之，實而備之，強而避之，怒而撓之，卑而驕之，佚而勞之，親而離之，攻其無備，出其不意。此兵家之勝，不可先傳也。

夫未戰而廟算勝者，得算多也；未戰而廟算不勝者，得算少也。多算勝，少算不勝，而況於無算乎？吾以此觀之，勝負

見矣。

《孫子兵法》第二：作戰篇

孫子曰：凡用兵之法，馳車千駟，革車千乘，帶甲十萬，千里饋糧，則內外之費，賓客之用，膠漆之材，車甲之奉，日費千金，然後十萬之師舉矣。

其用戰也勝，久則鈍兵挫銳，攻城則力屈，久暴師則國用不足。夫鈍兵挫銳，屈力殫貨，則諸侯乘其弊而起，雖有智者，不能善其後矣。故兵聞拙速，未睹巧之久也。夫兵久而國利者，未之有也。故不盡知用兵之害者，則不能盡知用兵之利也。

善用兵者，役不再籍，糧不三載；取用於國，因糧於敵，故軍食可足也。

國之貧於師者遠輸，遠輸則百姓貧。近師者貴賣，貴賣則百姓財竭，財竭則急於丘役。力屈、財殫，中原內虛於家。百姓之費，十去其七；公家之費：破軍罷馬，甲冑矢弩，戟楯蔽櫓，丘牛大車，十去其六。故智將務食於敵。食敵一鍾，當吾二十鍾；秆一石，當吾二十石。

故殺敵者，怒也；取敵之利者，貨也。故車戰，得車十乘已上，賞其先得者，而更其旌旗，車雜而乘之，卒善而養之，是謂勝敵而益強。

故兵貴勝，不貴久。故知兵之將，生民之司命，國家安危之主也。

《孫子兵法》第三：謀攻篇

孫子曰：凡用兵之法，全國為上，破國次之；全軍為上，

破軍次之；全旅為上，破旅次之；全卒為上，破卒次之；全伍為上，破伍次之。是故百戰百勝，非善之善者也；不戰而屈人之兵，善之善者也。

故上兵伐謀，其次伐交，其次伐兵，其下攻城。攻城之法，為不得已。修櫓轒轀，具器械，三月而後成，距闉，又三月而後已。將不勝其忿而蟻附之，殺士三分之一，而城不拔者，此攻之災也。故善用兵者，屈人之兵而非戰也。拔人之城而非攻也，毀人之國而非久也，必以全爭於天下，故兵不頓而利可全，此謀攻之法也。

故用兵之法，十則圍之，五則攻之，倍則分之，敵則能戰之，少則能逃之，不若則能避之。故小敵之堅，大敵之擒也。

夫將者，國之輔也。輔周則國必強，輔隙則國必弱。故君之所以患於軍者三：不知軍之不可以進，而謂之進，不知軍之不可以退，而謂之退，是謂縻軍；不知三軍之事，而同三軍之政者，則軍士惑矣；不知三軍之權，而同三軍之任，則軍士疑矣。三軍既惑且疑，則諸侯之難至矣，是謂亂軍引勝。

故知勝有五：知可以戰與不可以戰者勝，識眾寡之用者勝，上下同欲者勝，以虞待不虞者勝，將能而君不御者勝。此五者，知勝之道也。

故曰：知彼知己者，百戰不殆；不知彼而知己，一勝一負；不知彼，不知己，每戰必殆。

《孫子兵法》第四：形篇

孫子曰：昔之善戰者，先為不可勝，以侍敵之可勝。不可勝在己，可勝在敵。故善戰者，能為不可勝，不能使敵之可勝。

故曰：勝可知，而不可為。

　　不可勝者，守也；可勝者，攻也。守則不足，攻則有餘。善守者，藏於九地之下；善攻者，動於九天之上。故能自保而全勝也。

　　見勝不過眾人之所知，非善之善者也；戰勝而天下曰善，非善之善者也。故舉秋毫不為多力，見日月不為明目，聞雷霆不為聰耳。古之所謂善戰者，勝於易勝者也。故善戰者之勝也，無智名，無勇功。故其戰勝不忒。不忒者，其所措必勝，勝已敗者也。故善戰者，立於不敗之地，而不失敵之敗也。是故勝兵先勝而後求戰，敗兵先戰而後求勝。善用兵者，修道而保法，故能為勝敗之政。

　　兵法：一曰度，二曰量，三曰數，四曰稱，五曰勝。地生度，度生量，量生數，數生稱，稱生勝。故勝兵若以鎰稱銖，敗兵若以銖稱鎰。勝者之戰民也，若決積水於千仞之溪者，形也。

《孫子兵法》第五：勢篇

　　孫子曰：凡治眾如治寡，分數是也；鬥眾如鬥寡，形名是也；三軍之眾，可使必受敵而無敗，奇正是也；兵之所加，如以碬投卵者，虛實是也。

　　凡戰者，以正合，以奇勝。故善出奇者，無窮如天地，不竭如江河。終而復始，日月是也。死而更復生，四時是也。聲不過五，五聲之變，不可勝聽也。色不過五，五色之變，不可勝觀也。味不過五，五味之變，不可勝嘗也。戰勢不過奇正，奇正之變，不可勝窮之也。奇正相生，如環之無端，孰能窮之？

　　激水之疾，至於漂石者，勢也；鷙鳥之疾，至於毀折者，

節也。是故善戰者，其勢險，其節短。勢如弩，節如發機。

紛紛紜紜，鬥亂而不可亂也。渾渾沌沌，形圓而不可敗也。亂生於治，怯生於勇，弱生於強。治亂，數也；勇怯，勢也；強弱，形也。

故善動敵者，形之，敵必從之；予之，敵必取之。以利動之，以卒待之。

故善戰者，求之於勢，不責於人，故能擇人而任勢。任勢者，其戰人也，如轉木石。木石之性，安則靜，危則動，方則止，圓則行。故善戰人之勢，如轉圓石於千仞之山者，勢也。

《孫子兵法》第六：虛實篇

孫子曰：凡先處戰地而待敵者佚，後處戰地而趨戰者勞。故善戰者，致人而不致於人。能使敵人自至者，利之也；能使敵人不得至者，害之也。故敵佚能勞之，飽能饑之，安能動之。

出其所不趨，趨其所不意。行千里而不勞者，行於無人之地也。攻而必取者，攻其所不守也。守而必固者，守其所不攻也。故善攻者，敵不知其所守。善守者，敵不知其所攻。微乎微乎，至於無形，神乎神乎，至於無聲，故能為敵之司命。

進而不可禦者，衝其虛也；退而不可追者，速而不可及也。故我欲戰，敵雖高壘深溝，不得不與我戰者，攻其所必救也；我不欲戰，畫地而守之，敵不得與我戰者，乖其所之也。

故形人而我無形，則我專而敵分；我專為一，敵分為十，是以十攻其一也，則我眾而敵寡；能以眾擊寡者，則吾之所與戰者，約矣。吾所與戰之地不可知，不可知，則敵所備者多，敵所備者多，則吾之所與戰者，寡矣。故備前則後寡，備後則

前寡，備左則右寡，備右則左寡，無所不備，則無所不寡。寡者，備人者也，眾者，使人備己者也。

故知戰之地，知戰之日，則可千里而會戰。不知戰地，不知戰日，則左不能救右，右不能救左，前不能救後，後不能救前，而況遠者數十里，近者數里乎？

以吾度之，越人之兵雖多，亦奚益於勝敗哉？故曰：勝可為也。敵雖眾，可使無鬥。

故策之而知得失之計，作之而知動靜之理，形之而知死生之地，角之而知有餘不足之處。故形兵之極，至於無形；無形，則深間不能窺，智者不能謀。因形而錯勝於眾，眾不能知；人皆知我所以勝之形，而莫知吾所以致勝之形。故其戰勝不復，而應形於無窮。

夫兵形像水，水之形，避高而趨下，兵之形，避實而擊虛，水因地而制流，兵因敵而致勝。故兵無常勢，水無常形，能因敵變化而取勝者，謂之神。故五行無常勝，四時無常位，日有短長，月有死生。

《孫子兵法》第七：軍爭篇

孫子曰：凡用兵之法，將受命於君，合軍聚眾，交和而舍，莫難於軍爭。軍爭之難者，以迂為直，以患為利。故迂其途，而誘之以利，後人發，先人至，此知迂直之計者也。

故軍爭為利，軍爭為危。舉軍而爭利，則不及；委軍而爭利，則輜重捐。是故卷甲而趨，日夜不處，倍道兼行，百里而爭利，則擒三將軍，勁者先，疲者後，其法十一而至；五十里而爭利，則蹶上將軍，其法半至；三十里而爭利，則三分之二

至。是故軍無輜重則亡，無糧食則亡，無委積則亡。

故不知諸侯之謀者，不能豫交；不知山林、險阻、沮澤之形者，不能行軍；不用鄉導者，不能得地利。故兵以詐立，以利動，以分合為變者也。故其疾如風，其徐如林，侵掠如火，不動如山，難知如陰，動如雷震。掠鄉分眾，廓地分利，懸權而動。先知迂直之計者勝，此軍爭之法也。

《軍政》曰：「言不相聞，故為之金鼓；視不相見，故為旌旗。夫金鼓旌旗者，所以一人之耳目也；人既專一，則勇者不得獨進，怯者不得獨退，此用眾之法也。故夜戰多火鼓，晝戰多旌旗，所以變人之耳目也。」

故三軍可奪氣，將軍可奪心。是故朝氣銳，晝氣惰，暮氣歸。故善用兵者，避其銳氣，擊其惰歸，此治氣者也。以治待亂，以靜待嘩，此治心者也。以近待遠，以佚待勞，以飽待饑，此治力者也。無邀正正之旗，勿擊堂堂之陳，此治變者也。

故用兵之法，高陵勿向，背丘勿逆，佯北勿從，銳卒勿攻，餌兵勿食，歸師勿遏，圍師必闕，窮寇勿迫，此用兵之法也。

《孫子兵法》第八：九變篇

孫子曰：凡用兵之法，將受命於君，合軍聚眾，圮地無舍，衢地交合，絕地無留，圍地則謀，死地則戰。塗有所不由，軍有所不擊，城有所不攻，地有所不爭，君命有所不受。

故將通於九變之利者，知用兵矣；將不通於九變之利者，雖知地形，不能得地之利矣；治兵不知九變之術，雖知五利，不能得人之用矣。

是故智者之慮，必雜於利害。雜於利，而務可信也；雜於

害，而患可解也。是故屈諸侯者以害，役諸侯者以業，趨諸侯者以利。

故用兵之法，無恃其不來，恃吾有以待也；無恃其不攻，恃吾有所不可攻也。

故將有五危：必死，可殺也；必生，可虜也；忿速，可侮也；廉潔，可辱也；愛民，可煩也。凡此五者，將之過也，用兵之災也。覆軍殺將，必以五危，不可不察也。

《孫子兵法》第九：行軍篇

孫子曰：凡處軍、相敵，絕山依谷，視生處高，戰隆無登，此處山之軍也。絕水必遠水；客絕水而來，勿迎之於水內，令半濟而擊之，利；欲戰者，無附於水而迎客；視生處高，無迎水流，此處水上之軍也。絕斥澤，唯亟去無留；若交軍於斥澤之中，必依水草而背眾樹，此處斥澤之軍也。平陸處易，而右背高，前死後生，此處平陸之軍也。凡此四軍之利，黃帝之所以勝四帝也。

凡軍好高而惡下，貴陽而賤陰，養生而處實，軍無百疾，是謂必勝。丘陵堤防，必處其陽，而右背之。此兵之利，地之助也。上雨，水沫至，欲涉者，待其定也。

凡地，有絕澗、天井、天牢、天羅、天陷、天隙，必亟去之，勿近也。吾遠之，敵近之；吾迎之，敵背之。軍行有險阻、潢井、葭葦、林木、翳薈者，必謹覆索之，此伏奸之所處也。

敵近而靜者，恃其險也；遠而挑戰者，欲人之進也；其所居易者，利也。眾樹動者，來也；眾草多障者，疑也；鳥起者，伏也；獸駭者，覆也；塵高而銳者，車來也；卑而廣者，徒來

也；散而條達者，樵采也；少而往來者，營軍也。

辭卑而益備者，進也；辭強而進驅者，退也；輕車先出，居其側者，陳也；無約而請和者，謀也；奔走而陳兵車者，期也；半進半退者，誘也。

杖而立者，饑也；汲而先飲者，渴也；見利而不進者，勞也；鳥集者，虛也；夜呼者，恐也；軍擾者，將不重也；旌旗動者，亂也；吏怒者，倦也；粟馬肉食，軍無懸𦈢，不返其舍者，窮寇也；諄諄翕翕，徐與人言者，失眾也；數賞者，窘也；數罰者，困也；先暴而後畏其眾者，不精之至也；來委謝者，欲休息也。兵怒而相迎，久而不合，又不相去，必謹察之。

兵非益多也，唯無武進，足以並力、料敵、取人而已。夫唯無慮而易敵者，必擒於人。卒未親附而罰之，則不服，不服，則難用也。卒已親附而罰不行，則不可用也。故令之以文，齊之以武，是謂必取。令素行以教其民，則民服；令素不行以教其民，則民不服。令素行者，與眾相得也。

《孫子兵法》第十：地形篇

孫子曰：地形：有通者，有掛者，有支者，有隘者，有險者，有遠者。我可以往，彼可以來，曰通。通形者，先居高陽，利糧道，以戰則利。可以往，難以返，曰掛。掛形者，敵無備，出而勝之，敵若有備，出而不勝，則難以返，不利。我出而不利，彼出而不利，曰支。支形者，敵雖利我，我無出也，引而去之，令敵半出而擊之，利。隘形者，我先居之，必盈之以待敵。若敵先居之，盈而勿從，不盈而從之。險形者，我先居之，必居高陽以待敵；若敵先居之，引而去之，勿從也。遠形者，勢均，

難以挑戰，戰而不利。凡此六者，地之道也，將之至任，不可不察也。

　　故兵有走者，有弛者，有陷者，有崩者，有亂者，有北者。凡此六者，非天之災，將之過也。夫勢均，以一擊十，曰走。卒強吏弱，曰弛。吏強卒弱，曰陷。大吏怒而不服，遇敵懟而自戰，將不知其能，曰崩。將弱不嚴，教道不明，吏卒無常，陳兵縱橫，曰亂。將不能料敵，以少合眾，以弱擊強，兵無選鋒，曰北。凡此六者，敗之道也，將之至任，不可不察也。

　　夫地形者，兵之助也。料敵致勝，計險厄、遠近，上將之道也。知此而用戰者必勝；不知此而用戰者必敗。故戰道必勝，主曰無戰，必戰可也；戰道不勝，主曰必戰，無戰可也。故進不求名，退不避罪，唯民是保，而利合於主，國之寶也。

　　視卒如嬰兒，故可以與之赴深谿；視卒如愛子，故可與之俱死。厚而不能使，愛而不能令，亂而不能治，譬若驕子，不可用也。知吾卒之可以擊，而不知敵之不可擊，勝之半也；知敵之可擊，而不知吾卒之不可以擊，勝之半也；知敵之可擊，知吾卒之可以擊，而不知地形之不可以戰，勝之半也。

　　故知兵者，動而不迷，舉而不窮。故曰：知己知彼，勝乃不殆；知天知地，勝乃不窮。

《孫子兵法》第十一：九地篇

　　孫子曰：用兵之法，有散地，有輕地，有爭地，有交地，有衢地，有重地，有圮地，有圍地，有死地。諸侯自戰其地，為散地。入人之地而不深者，為輕地。我得則利，彼得亦利者，為爭地。我可以往，彼可以來者，為交地。諸侯之地三屬，先

至而得天下之眾者，為衢地。入人之地深，背城邑多者，為重
地。山林、險阻、沮澤，凡難行之道者，為圮地。所由入者隘，
所從歸者迂，彼寡可以擊吾之眾者，為圍地。疾戰則存，不疾
戰則亡者，為死地。是故散地則無戰，輕地則無止，爭地則無
攻，交地則無絕衢地則合交，重地則掠，圮地則行，圍地則謀，
死地則戰。

　　所謂古之善用兵者，能使敵人前後不相及，眾寡不相恃，
貴賤不相救，上下不相收，卒離而不集，兵合而不齊。合於利
而動，不合於利而止。敢問：敵眾整而將來，待之若何？曰：
先奪其所愛，則聽矣。兵之情主速，乘人之不及，由不虞之道，
攻其所不戒也。

　　凡為客之道：深入則專，主人不克。掠於饒野，三軍足食。
謹養而勿勞，並氣積力，運兵計謀，為不可測。投之無所往，
死且不北。死焉不得，士人盡力。兵士甚陷則不懼，無所往則
固，深入則拘，不得已則鬥。是故，其兵不修而戒，不求而得，
不約而親，不令而信。禁祥去疑，至死無所之。吾士無餘財，
非惡貨也；無餘命，非惡壽也。令發之日，士卒坐者涕沾襟，
偃臥者涕交頤。投之無所往，諸、劌之勇也。

　　故善用兵者，譬如率然。率然者，常山之蛇也。擊其首則
尾至，擊其尾則首至，擊其中則首尾俱至。敢問：兵可使如率
然乎？曰：可。夫吳人與越人相惡也，當其同舟而濟，遇風，
其相救也如左右手。是故方馬埋輪，未足恃也。齊勇若一，政
之道也，剛柔皆得，地之理也。故善用兵者，攜手若使一人，
不得已也。

　　將軍之事：靜以幽，正以治。能愚士卒之耳目，使之無知。

易其事，革其謀，使人無識。易其居，迂其途，使人不得慮。帥與之期，如登高而去其梯。帥與之深入諸侯之地，而發其機，焚舟破釜，若驅群羊。驅而往，驅而來，莫知所之。聚三軍之眾，投之於險，此謂將軍之事也。九地之變，屈伸之利，人情之理，不可不察。

凡為客之道：深則專，淺則散。去國越境而師者，絕地也；四達者，衢地也；入深者，重地也；入淺者，輕地也；背固前隘者，圍地也；無所往者，死地也。是故散地，吾將一其志；輕地，吾將使之屬；爭地，吾將趨其後；交地，吾將謹其守；衢地，吾將固其結；重地，吾將繼其食；圮地，吾將進其塗；圍地，吾將塞其闕；死地，吾將示之以不活。故兵之情：圍則禦，不得已則鬥，過則從。

是故不知諸侯之謀者，不能預交。不知山林、險阻、沮澤之形者，不能行軍。不用鄉導者，不能得地利。四五者，不知一，非霸王之兵也。夫霸王之兵，伐大國，則其眾不得聚；威加於敵，則其交不得合。是故不爭天下之交，不養天下之權，信己之私，威加於敵，則其城可拔，其國可隳。施無法之賞，懸無政之令，犯三軍之眾，若使一人。犯之以事，勿告以言。犯之以利，勿告以害。投之亡地然後存，陷之死地然後生。夫眾陷於害，然後能為勝敗。故為兵之事，在於順詳敵之意，並敵一向，千里殺將，是謂巧能成事者也。

是故政舉之日，夷關折符，無通其使；厲於廊廟之上，以誅其事。敵人開闔，必亟入之，先其所愛，微與之期。踐墨隨敵，以決戰事。是故始如處女，敵人開戶，後如脫兔，敵不及拒。

《孫子兵法》第十二：火攻篇

　　孫子曰：凡火攻有五：一曰火人，二曰火積，三曰火輜，四曰火庫，五曰火隊。行火必有因，煙火必素具。發火有時，起火有日。時者，天之燥也。日者，月在萁、壁、翼、軫也。凡此四宿者，風起之日也。

　　凡火攻，必因五火之變而應之。火發於內，則早應之於外。火發兵靜者，待而勿攻。極其火力，可從而從之，不可從而止。火可發於外，無待於內，以時發之。火發上風，無攻下風。晝風久，夜風止。凡軍必知有五火之變，以數守之。故以火佐攻者明，以水佐攻者強。水可以絕，不可以奪。

　　夫戰勝攻取，而不修其功者，凶，命曰「費留」。故曰：明主慮之，良將修之。非利不動，非得不用，非危不戰。主不可以怒而興師，將不可以慍而致戰。合於利而動，不合於利而止。怒可以復喜，慍可以復悅，亡國不可以復存，死者不可以復生。故明君慎之，良將警之。此安國全軍之道也。

《孫子兵法》第十三：用間篇

　　孫子曰：凡興師十萬，出征千里，百姓之費，公家之奉，日費千金。內外騷動，怠於道路，不得操事者七十萬家。相守數年，以爭一日之勝，而愛爵祿百金，不知敵之情者，不仁之至也。非人之將也，非主之佐也，非勝之主也。

　　故明君賢將，所以動而勝人，成功出於眾者，先知也。先知者，不可取於鬼神，不可象於事，不可驗於度。必取於人，知敵之情者也。

　　故用間有五：有因間，有內間，有反間，有死間，有生間。

五間俱起，莫知其道，是謂神紀，人君之寶也。因間者，因其鄉人而用之。內間者，因其官人而用之。反間者，因其敵間而用之。死間者，為誑事於外，令吾問知之，而傳於敵間也。生間者，反報也。

故三軍之親，莫親於間，賞莫厚於間，事莫密於間。非聖賢不能用間，非仁義不能使間，非微妙不能得間之實。微哉微哉，無所不用間也。間事未發而先聞者，間與所告者皆死。凡軍之所欲擊，城之所欲攻，人之所欲殺，必先知其守將、左右、謁者、門者、舍人之姓名，令吾間必索知之。

必索敵人之間來間我者，因而利之，導而舍之，故反間可得而用也。因是而知之，故鄉間、內間可得而使也；因是而知之，故死間為誑事，可使告敵；因是而知之，故生間可使如期。五間之事，主必知之，知之必在於反間，故反間不可不厚也。

昔殷之興也，伊摯在夏；周之興也，呂牙在殷。故唯明君賢將，能以上智為間者，必成大功。此兵之要，三軍之所恃而動也。

三十六計新解／陳相靈 王曉楓編. -- 初版. --
新北市：華志文化，2015.08
　　面；　公分. --（諸子百家大講座；12）

　　ISBN 978-986-5636-26-5（平裝）

　　1.兵法 2.謀略 3.中國

592.09　　　　　　　　　　　　　　104011230

書名／三十六計新解

系列／諸子百家大講座 0 1 2

日 華志文化事業有限公司

編　　　者 陳相靈　王曉楓

執行編輯 林雅婷

美術編輯 簡郁庭

封面設計 王志強

文字校對 陳麗鳳

企劃執行 康敏才

總　編　輯 黃志中

社　　　長 楊凱翔

出　版　者 華志文化事業有限公司

電子信箱 huachihbook@yahoo.com.tw

地　　　址 116 台北市文山區興隆路四段九十六巷三弄六號四樓

電　　　話 02-22341779

印製排版 辰皓國際出版製作有限公司

地　　　址 235 新北市中和區中山路二段三五二號二樓

電　　　話 02-22451480

傳　　　真 02-22451479

總經銷商 旭昇圖書有限公司

出版日期 西元二〇一五年八月初版第一刷

售　　　價 二四〇元

郵政劃撥 戶名：旭昇圖書有限公司（帳號：12935041）

◎三晉出版社獨家授權

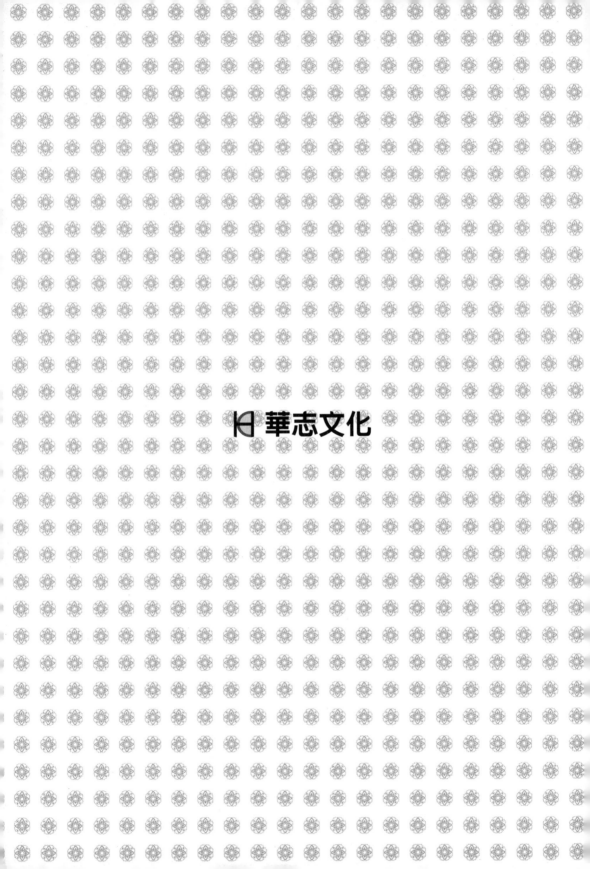
華志文化